行ってはいけない
世界遺産

花霞和彦

CCCメディアハウス

※本書の内容は個人の感想であり、感動には個人差があります。

旅行ガイドを開いてみると、
小さな街にも多くの観光名所があることがわかります。
どこもみな一様に褒めちぎられているので、目移りしてしまいます。
日程も予算も無限ではないので、どうしようかと悩みます。

そして、旅人は思いつくのです。
ユネスコが認定した「世界遺産」ならハズレはないだろう、と。

タージ・マハル、自由の女神、イースター島、
ヴェルサイユ宮殿、ピラミッド……
たしかに、世界の名だたる観光名所は、
ほぼすべてと言っていいほど世界遺産になっています。

世界遺産を冠にしたガイドブックは、とても見栄えがします。
世界遺産を巡るツアーは、知的好奇心をくすぐります。

勤勉な日本人は、どうやら世界遺産という響きに弱いようです。

いつからか、人はこう思うようになります。

「世界遺産=素晴らしい観光地」

しかし、必ずしもそうとは限らないのです。

CONTENTS

※世界遺産に関するデータは、すべて2015年5月末時点です。
（UNESCOおよび日本ユネスコ協会連盟のホームページ等を参照）

※アクセス、日程および費用は、すべて著者の体験に基づいています。

本書に登場する世界遺産

（および、その他の名所）

● 文化遺産
● 自然遺産
● 複合遺産
○ 世界遺産ではない名所

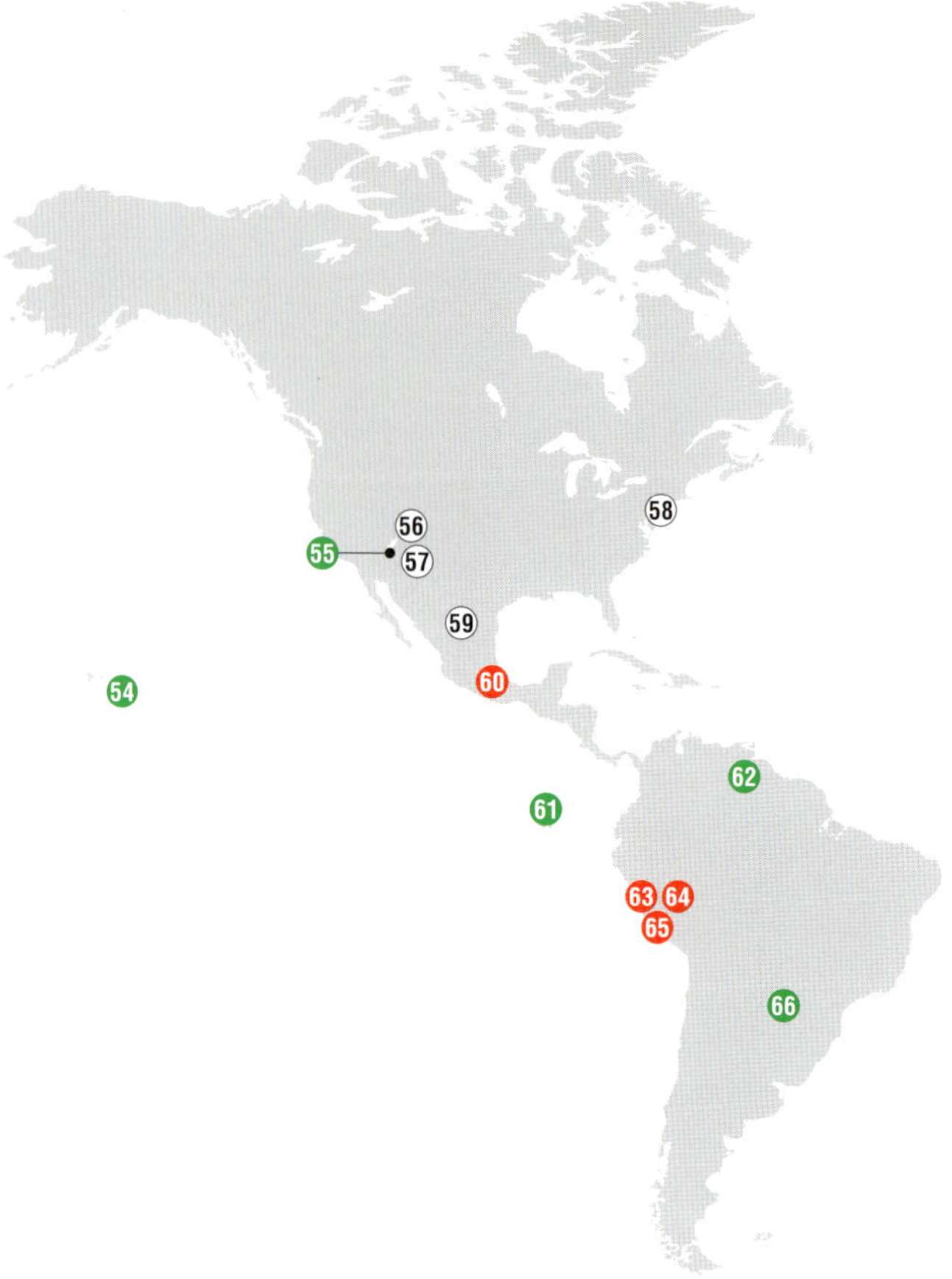

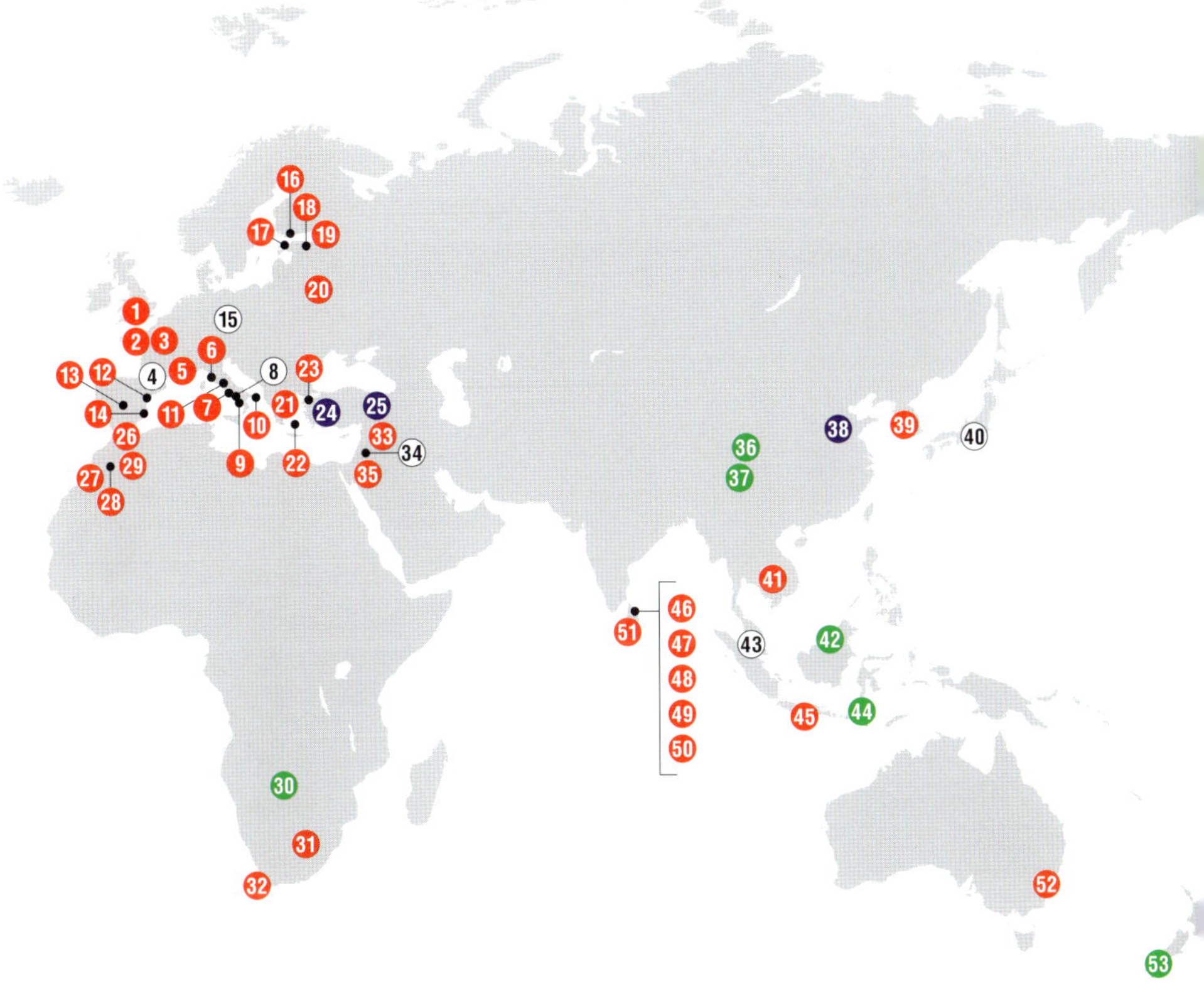
1
2
3
4
5
6
7
8
9
10
11
12
13
14
15
16
17
18
19
20
21
22
23
24
25
26
27
28
29
30
31
32
33
34
35
36
37
38
39
40
41
42
43
44
45
46
47
48
49
50
51
52
53

岩フェチでない人は行ってはいけない

グランドキャニオン

GRAND CANYON

アメリカ

オススメ度 ★★☆☆☆

>>> ACCESS

成田…✈11時間…ロサンゼルス…✈1時間…ラスベガス…2泊3日BUSツアー…グランドキャニオン

日程&費用 6泊7日／25万円あれば何とかなる

雄大な景観を誇る自然遺産

世界遺産といえば、真っ先にグランドキャニオンを思い浮かべる人も多いのではないでしょうか。地球が長い歳月をかけて作り上げたこの大峡谷は、東京都と神奈川県がすっぽり収まるほど、とてつもなく広大です。このような他に類を見ないダイナミックな自然景観が世界遺産となるのは当然のことでしょう。

グランドキャニオン国立公園は自然遺

prochasson frederic/Shutterstock

コロラド川の浸食によって削り出された世界最大級の大峡谷、グランドキャニオン。見渡すかぎり赤茶けた岩肌が続く。

産です。世界遺産は、その性質から3つに分けられ、人類にとって重要な意味を持つ建造物や遺跡などは**文化遺産**、貴重な自然は**自然遺産**、双方の要素をあわせ持つものは**複合遺産**となります。ちなみに、エベレストは自然遺産ですが（「**サガルマータ国立公園**」）、富士山は文化遺産での登録です（「**富士山－信仰の対象と芸術の源泉**」）。日本の誇る名峰は、ユネスコから見ると自然遺産には不十分のようです。

全員日本人の現地ツアー

グランドキャニオンは交通の便が悪く、日本からのパッケージツアーか、ラスベガス発の現地ツアーが一般的です。

Data
遺跡名称：グランド・キャニオン国立公園
遺産種別：自然遺産
登 録 年：1979
登録基準：(ⅶ)(ⅷ)(ⅸ)(ⅹ)

雄大な自然に圧倒されるのは最初の数分だけ。とにかく広いので、撮影ポイント探しには苦労しない。

ワタクシは、甘い背徳の街ラスベガスでひととおり狂喜した後、2泊3日の現地ツアーに参加しました。

1泊2日のツアーもありますが、ほとんどが移動時間で、グランドキャニオンでの滞在時間はわずかしかありません。モニュメント・バレーなど**周辺の有名スポットもあわせてまわるツアーなら、万が一グランドキャニオンが期待ハズレだったとしても納得できる**、という算段です。世界遺産ではないもののチャンスがあれば行ってみたかった名所ばかりだったので、一石二鳥なのでした。

さて、1組のカップルとひとり旅の4人、そしてガイド兼ドライバーを合わせた7人全員が日本人、という今回のツアー。海外の現地ツアーではさまざまな国の人々と相乗りになるのが普通なので、**全員が日本人だと、たとえ会話がなくても、なんだかホッとします。**

ツアー2日目の昼すぎ、ようやくグラ

岩がまるで波のような曲線を描いているアッパー・アンテロープ。差し込む光の加減によって岩の色が変わり、いつまで見ていても飽きない。
Aneta Waberska/Shutterstock

ンドキャニオン国立公園に到着。ガイドが「絶景が見渡せるポイントまでは顔を上げないでください」などと言って、期待感を煽ります。全員が揃ったところで一斉に顔を上げると、視覚に強く訴えてくる赤土の大パノラマが、どこまでも続いています。

　ひととおり感嘆したら、撮影タイム。見渡す限りの大峡谷なので、右に行ってはパチリ、左に行ってはパチリと、いろんなアングルから撮りまくる人ばかりです。しかし、グランドキャニオンには柵**がほぼありません**。撮影に夢中になるあまり、足を滑らせないように十分に注意が必要です。実際、この**とてつもない断崖から落ちて亡くなる人が**、毎年のよう

にいるそうです。

断崖、絶壁、大峡谷……

グランドキャニオン観光では夕日観賞と朝日観賞が大人気なようで、夕暮れになると、少しでもいい場所を確保しようと、大勢の来園者がやってきます。赤く染まった大峡谷の向こうに少しずつ沈む夕日を見つめながら涙する女子も、チラホラといました。

ワタクシはといえば、最初に目を開けたときは、もちろん感動したものの、ど**こを見ても同じような絶壁だらけの景観に、ものの5分で飽きました。**どんなに雄大でも、どれだけの歳月が流れていたとしても、単調な大自然は、すぐにお腹いっぱいになってしまうようです。翌朝には早起きして、夕日とは別のスポットで朝日観賞もできるという、太陽好きにはたまらないツアーでしたが、ほとんどの参加者が「**岩壁を見るのはもう十分**」と話していました。

しかしながら、結果的に、このツアーには大満足でした。波打つような大地の割れ目が日本でも人気の**アッパー・アンテロープ**と**ロウアー・アンテロープ**、馬の蹄鉄に似た形の川が見事な**ホースシュー・ベンド**、多くの西部劇の舞台となった**モニュメント・バレー**、手足がしびれるほどの磁力（？）を感じたパワースポットの**セドナ**を、一気に見てまわることができたからです。

大地のエネルギーを全身で感じ取ることのできるこのエリアは、21世紀になっても荒野と呼ぶにふさわしい魅力的な場所です。グランドキャニオンに行くなら、これらのスポットもまとめて行くことを強くおすすめします。

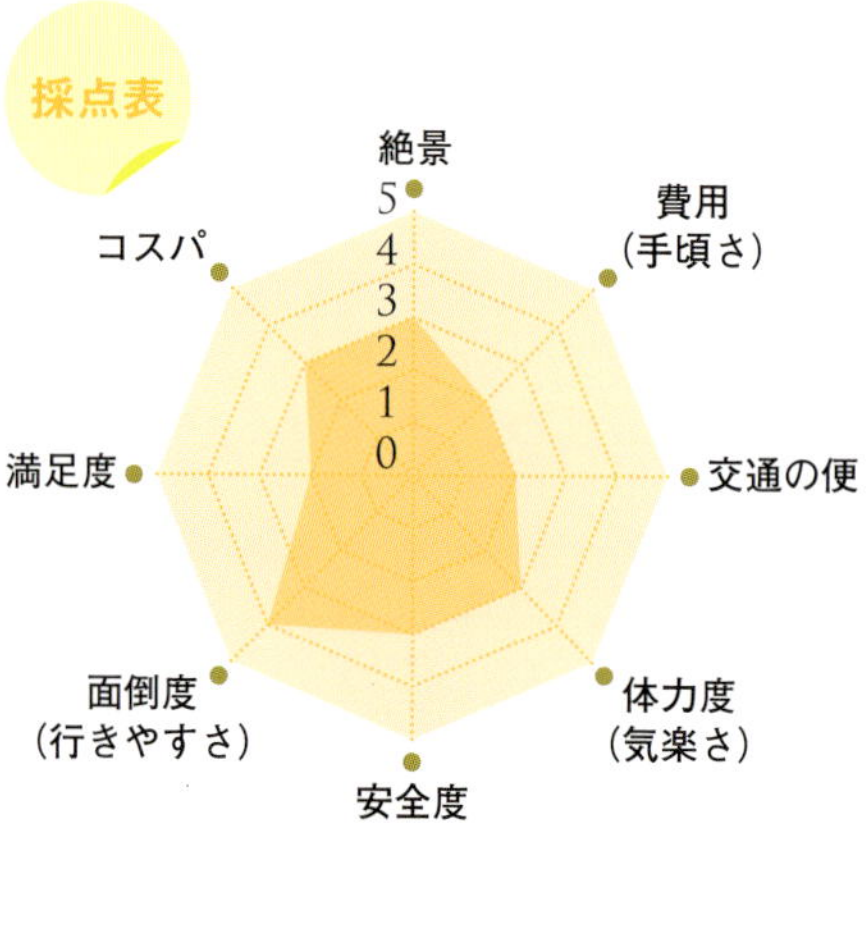

パワースポットとして大人気のセドナ。この一帯は立派なお屋敷が多く、お金持ちが暮らす超高級住宅街にもなっている。

旅のアドバイス

地球のダイナミズムを感じるだけでなく、退屈しない世界遺産をお望みなら「**ハワイ火山国立公園**」に行きましょう。公園内にある**キラウエア火山**は、活火山にもかかわらず見事に観光地化されていて、ビジターセンターや宿泊施設、ハイキングコースやドライブコースもあります。火口の溶岩が赤く照らす夜空、洞窟と見違えるほど大きな溶岩道、地面の割れ目から吹き出す水蒸気や火山ガス、海に流れ落ちた溶岩が作り出したオブジェなど興奮しっぱなしで、自然の脅威を思い知らされます。

「ハワイ火山国立公園」にあるキラウエアは活発な活火山。頻繁に噴火するので、観光する際は事前の安全確認を忘れずに。

Catmando/Shutterstock

空想好きな人しか行ってはいけない

ストーンヘンジ

STONEHENGE

イギリス

オススメ度 ★☆☆☆☆

いまだ真相不明の巨石群

ストーンヘンジはイギリス南部のソールズベリー近郊にある、古代の**環状列石**（**ストーンサークル**）です。

これらの石は、紀元前2500年から前2000年の間に立てられたものと考えられていて、現在のイギリス人であるアングロサクソン人が、ストーンヘンジのあるグレートブリテン島（イギリス本島）に移住してきたときには、すでに存

Kiev.Victor/Shutterstock

ACCESS

成田…✈12時間半…ロンドン／ヒースロー…🚃1時間…ウォータールー…🚃1時間20分…ソールズベリー…TAXI 20分…ストーンヘンジ

日程&費用 4泊5日／25万円もあれば大丈夫

在していたようです。また、それを囲む土塁と堀が作られたのは、紀元前3100年頃まで遡るといわれています。

この巨大な石積みが何の目的で作られたのか、研究者の間でもいまだに結論は出ていません。最近の調査では、周辺の地中にさらに多くの巨石群が埋まっていることもわかっています。

世界七不思議の世界遺産

ストーンヘンジが世界遺産に登録されたのは、1986年のこと。しかし、そ

Data

遺跡名称： ストーンヘンジ、エーヴベリーと関連する遺跡群
遺産種別： 文化遺産
登 録 年： 1986
登録基準： (i)(ii)(iii)

昔から「世界七不思議」として有名なストーンヘンジ。世界遺産であろうがなかろうが、イギリスを代表する観光名所。

Mary Lane/Shutterstock

巨石といわれるストーンヘンジだが、最大でも高さ7mほど。意外と大きくない。

れ以前から、数ある遺跡の中でもストーンヘンジは「**世界七不思議**」としてメジャーな存在でした。

日本で世界遺産が人気となったのは、21世紀に入ってからでしょうか。80年代の海外旅行ブームのころには、世界遺産なんてほとんど誰にも知られていませんでした。その代わりに世界七不思議が万人の憧れの地であり、海外旅行の注目スポットだったのです。

中世以降の世界七不思議とされるものには、ストーンヘンジの他に、南京の**大報恩寺瑠璃塔**、**ピサの斜塔**や**万里の長城**、ローマの**コロッセオ**、イスタンブールの**アヤソフィア**、アレクサンドリアの**カタコンベ**が含まれます。大報恩寺瑠璃塔（残念ながら現存していません）とアレクサンドリアのカタコンベ以外の、5つは世界遺産にもなっています。世界七不思議であり、そのうえ世界遺産なら、これはもう行かないわけにはいきません。

七不思議の中でも、ずば抜けて古い物件がストーンヘンジです。詳しいことは今も解き明かされていないので、謎めき感もピカイチです。他の6物件は明らかに人類の手による建造物だとわかりますが、ストーンヘンジは50tもの大きな石が、ただ積み上がっているだけですから、もしかしたら人類以外の何者かがやったことかもしれない……と想像力を掻き立てられます。

大きな石を遠巻きに眺める

「誰が、何の目的で、どうやって巨石

ストーンヘンジ　STONEHENGE

何もない草原に立つ姿は悪くないが、実際は観光客で溢れ返っているので、「キレイな一枚」を撮るのは簡単ではない。

mountainpix/Shutterstock

Kiev.Victor/Shutterstock

を組み立てたのか？」——空想好きにはたまらないフレーズです。これぞ真の「不思議」ですが、実際に見てみると、なぜだか感激も興奮もできません。どうしてでしょう。いつの間にか、感動不感症になったのでしょうか。

ストーンヘンジはメジャーな観光地だけあって、大勢の観光客がいます。14ポンドの入場料を払って敷地に入ると、原っぱの中央に例の石積みがあるのですが、実は**入場料を払わずとも、石積みは車道から丸見えです**。しかも、入場料を払って敷地に入っても、**ロープが張られていて石積みには近寄れず、遠巻きに眺めるだけなのです**。

Pecold/Shutterstock

また、巨石といわれているストーンヘンジですが、大きなものでも7ｍほど。**それほど巨石ではありません**。ほとんどは4ｍ程度です。正直なところ、ワタクシ、「**この程度の石なら、頭のいい力持ちが10人もいれば組み立てられそう……**」と思ってしまったのです。胸躍らせていた謎めき感は、どこかに吹っ飛んでしまいました。

韓国にもあった巨石文化

似たような古代の石造物は、世界各地

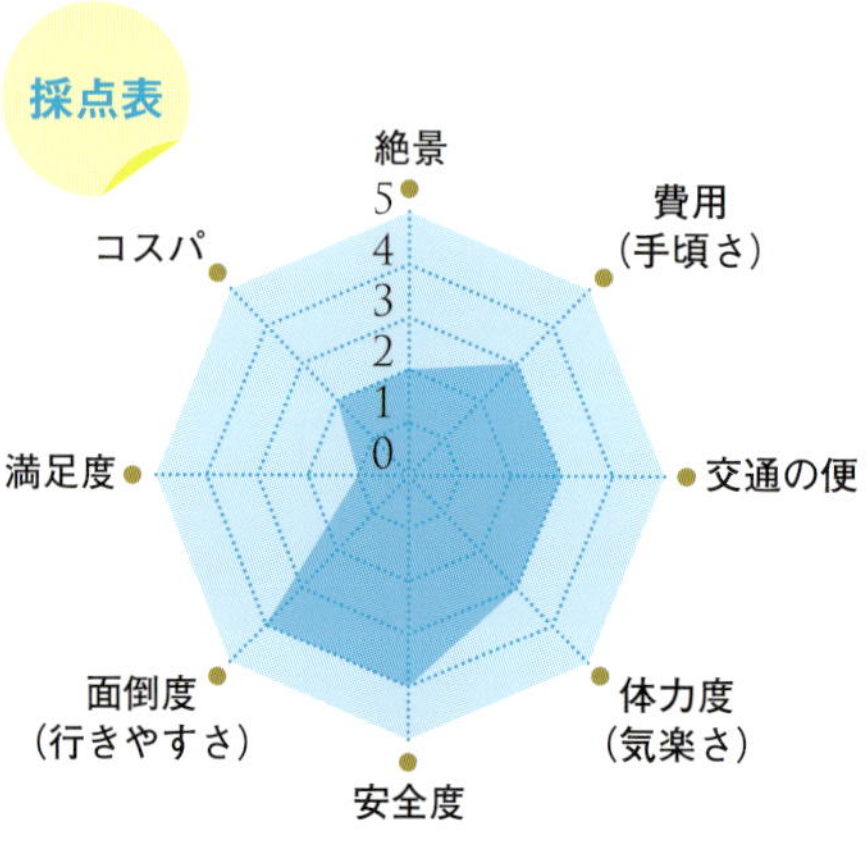

JIPEN/Shutterstock

江華島にある支石墓。大きさはストーンヘンジに劣らない。

Mikadun/Shutterstock

世界遺産「ピサのドゥオモ広場」。斜塔ばかり注目されるが、隣に建つ大聖堂（ドゥオモ）も繊細な装飾が美しい。

Viacheslav Lopatin/Shutterstock

コロッセオは「ローマ歴史地区」の構成資産。現存する円形闘技場の中でも最大で、5万人を収容できた。

に存在します。ソウルから2時間ほど路線バスに揺られて江華島に行けば、世界遺産の**支石墓**（「**高敞**（コチャン）、**和順**（ファスン）、**江華**（カンファ）**の支石墓群跡**」）を見ることができます。あまり知られていませんが、巨石文化の半分近くが、韓国にあるそうです。支石墓の天井岩は、約7mで50t。**ストーンヘンジとサイズ的にはなんら変わりません**。古代の巨石文化を見たい方は、まずはこちらをどうぞ。いい予行演習になることでしょう。

なおストーンヘンジでは、普段は立ち入り禁止のロープの中に入って、石に触ることもできる特別ツアーがあるらしいので、どうせ行くなら、催行日時をしっかり狙って行きましょう。

旅のアドバイス

七不思議でも世界遺産でもある他の4物件は、評判に違わず見て損はないです。日本から最も近い「**万里の長城**」は、北京市内から気軽にバスツアーで行けて文句なし。ローマのど真ん中にある**コロッセオ**（「**ローマ歴史地区、教皇領とサン・パオロ・フオーリ・レ・ムーラ大聖堂**」）の威容も、期待を裏切りません。**ピサの斜塔**（「**ピサのドゥオモ広場**」）は写真で見るよりもずっと傾いているし、ビザンチン建築の最高傑作である**アヤソフィア**（「**イスタンブール歴史地域**」）の黄金に輝くモザイク画は必見です。

野生のカメが見たい人は行ってはいけない

ガラパゴス諸島

GALÁPAGOS ISLANDS

エクアドル

オススメ度 ★★★★★

>>> ACCESS

成田…✈13時間…メキシコ…✈5時間…エクアドル／キト…✈3時間…ガラパゴス諸島／バルトラ島…BUS 20分…港…船 5分…サンタ・クルス島…TAXI 45分…プエルト・アヨラ

日程&費用 5泊7日／およそ35万円

世界遺産登録第一号

１９７８年に世界遺産第一号として登録された12の物件のうちのひとつが、ガラパゴス諸島です。

そもそも世界遺産とは、１９７２年のユネスコ総会で採択された「**世界の文化遺産及び自然遺産の保護に関する条約**」に基づいて登録された遺跡や建造物、地形や動植物の生息地などで、人類が共有すべき「顕著な普遍的価値」をもつ有形

sunsinger/Shutterstock

の不動産です。こうした、未来へ残すべき人類の財産を保全することこそが、世界遺産登録の目的なのです。

南米エクアドル共和国の沖合1000kmに浮かぶガラパゴス諸島は、ダーウィンの『種の起源』で一躍、世界に知られました。島々は、誕生してから一度も大陸と地続きになっていません。在来の生物はすべて、飛来したか海を渡ってきたものの子孫であり、島ごとに独自の進化を遂げてきました。そのため、多くの固有種が見られるのが大きな特徴です。

「ガラパゴス」とはゾウガメを意味す

Data

遺跡名称：ガラパゴス諸島
遺産種別：自然遺産
登録年：1978、2001
登録基準：(vii)(viii)(ix)(x)

120を超える島々からなるガラパゴス諸島。19の主な島に約2万5000人が住み、美しいビーチやアシカと泳げるビーチもある。

上：ショップやレストランが立ち並ぶメインストリート。
下：街は健全で陽気。楽しい楽団が夜を盛り上げてくれる。

るスペイン語「ガラパゴ」に由来し、固有種の**ガラパゴスゾウガメ**は、諸島を代表する生物といえます。他にも**ガラパゴスリクイグアナ**や**ウミイグアナ**、**ガラパゴスペンギン**などが有名です。

意外と近い「絶海の孤島」

日本からの直行便はないし、パッケージツアーでも1人50万円以上するガラパゴス。一生縁のない場所だと思われがちですが、実はそうでもありません。飛行機を2回乗り継げば、**空港を一歩も出ずに最短30時間ほどで着ける**のです。格安航空券なら、燃油サーチャージ込み25万円ほどで行けることも。また、入島制限があるそうですが、**空港ではチェックらしいチェックもされず、あっさりと入島**できました。

ガラパゴス諸島のほぼ中央に位置す

あちこちにいる動物たちは意外なことに大人しく、野生とは思えないほど物静か。観光客にも慣れた様子ですっかり現代に適応している。

るのがサンタ・クルス島。その南端、プエルト・アヨラが観光の拠点となります。未開の島のようなところを想像していたのですが、**まるで東京の新島か、沖縄の石垣島のような街。**どうやら中南米や北米の人にとってガラパゴス諸島は、**ローカル色豊かなビーチリゾート**のようです。どうりで空港では家族連れや若いカップルが目についたわけです。

街はホテルやレストラン、ブティックや土産物ショップで溢れかえっています。周辺の島々をめぐるツアーを斡旋する地元の旅行代理店もたくさん並んでいます（日帰りツアーならランチ込みで約8000円～）。治安も良く、夜になっ

エスパニョーラ島にいるウミイグアナ。他の島と違って胴体部分が赤い固有種。

てもレストランやバーは繁盛していて、街の雰囲気ものどかです。

動物はたくさんいるが……

プエルト・アヨラは港町で、**たくさんのアシカたちが、人間を恐れることなく居座ってい**ます。ものすごいジャンプ力で海から上がり、慣れた様子で観光客の間をすり抜けると、魚屋に入って行きます。さばいた魚のおこぼれを待っているのです。周りにはペリカンも闊歩しています。

というわけで、**野生動物との対面は、いとも簡単に達成**できます。しかし、目当てはガラパゴスゾウガメです。体長およそ1・5m、体重300kg、多くの固有種を有するガラパゴス諸島の象徴ですが、自然の状態を見るのはそう簡単ではありません。どうやら、プエルト・アヨラの街外れにあるチャールズ・ダーウィン研究所や孵化繁殖センターで、飼育されているゾウガメを見るのが一般的なようです。

ガラパゴスに来てまで飼育されているゾウガメしか見られないなんて、あまりにも残念です。しかし、周囲に聞いても、実際に野生のゾウガメに遭遇できたという旅行者はいませんでした。

プエルト・アヨラの車道脇で偶然見つけたガラパゴスゾウガメ。4日間滞在して野生のゾウガメに出会えたのはこの一度きり。

帰国の日、あきらめきれない思いを胸に、タクシーで空港に移動していたときのことです。いきなり運転手が大声で叫ぶので、彼の視線の先を見てみると、なんとそこにはゾウガメが！　間違いなく、ガラパゴスの自然で生きる野生のゾウガメが道路脇にいるではありませんか。優しそうな彼は近寄っても逃げたりせず、**記念撮影にも付き合ってくれました**。

やった！　思わず「神様、ありがとうございます」と叫んでしまいました。ガラパゴスに行って、**どうしても野生のゾウガメを見たい人は、常日頃から善い行いをしておくことが大切**かもしれません。

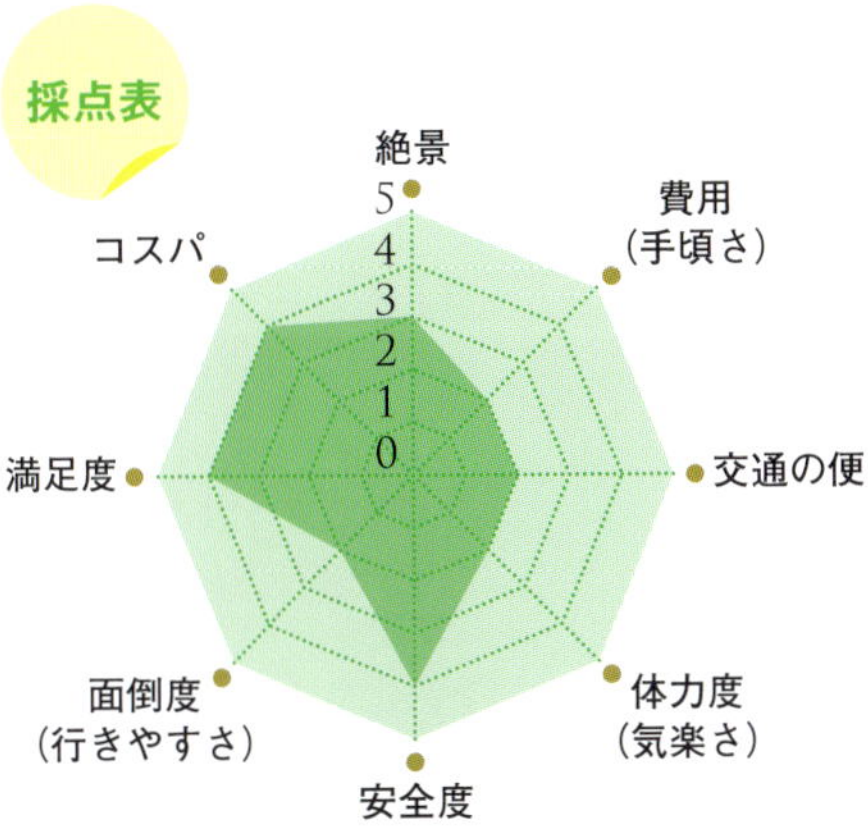

「古代都市テオティワカン」にある太陽のピラミッド。高さ65m、観光客が登ることのできるピラミッドとしては世界最大。

旅のアドバイス

より多くの世界遺産を見たいなら、メキシコ・シティとエクアドルの首都キトを経由してガラパゴスに行くのがおすすめ。メキシコでは、「**メキシコ・シティ歴史地区とソチミルコ**」や「**古代都市テオティワカン**」は必見。キトの旧市街地区「**キト市街**」にある聖堂の数々も可愛らしく個性的。ガラパゴス諸島と同じく1978年に最初の世界遺産になりました。

他人に左右されやすい人は行ってはいけない

オペラハウス
OPERA HOUSE
オーストラリア

オススメ度 ★★★☆☆

>>> ACCESS

成田…✈10時間…シドニー…🚃20分…シティ…🚃20分…サーキュラー・キー

日程&費用　3泊4日／15万円で行けちゃう

最も新しい世界遺産

シドニー湾に面する岬の先端に建つオペラハウスは、20世紀を代表する近代建築物。オペラの上演だけでなく、コンサートホールや劇場としても使われています。

この建物の誕生にはドラマがありました。1940年代末に地元音楽院の校長がコンサートホールの建設を提案、苦心の末、54年にようやく首相の了承を得ま

Jenna Layne Voigt/Shutterstock

す。デザインを公募すると世界中から応募があり、当時建築家としては無名だったデンマークの**ヨーン・ウッツォン**の案が選ばれました。一次選考で落ちていたにもかかわらず、審査委員だった建築家エーロ・サーリネンの目に留まり、最終選考で復活しての逆転当選だったのです。

しかし、建設工事は難航しました。独創的かつ斬新すぎるデザインは、当時の建築技術のレベルを超えていたのです。試行錯誤を重ねつつ建設が進められましたが、途中で予算が足りなくなります。

Data

遺跡名称：シドニー・オペラハウス
遺産種別：文化遺産
登　録　年：2007
登録基準：(ⅰ)

オペラハウスのあるシドニー湾は、世界有数の美港で知られている。個人的にはぶっちぎりでナンバーワン。

海から見るオペラハウスは何ともカッコいい。ランチ・クルーズ、ディナー・クルーズ、コーヒー・クルーズから選べる。

このことが政府とウッツォンの間で確執を生み、ウッツォンは辞任。後任者たちの尽力により、着工から14年の時を経て、73年にようやく完成にこぎつけたのです。当初の完成予定より遅れること10年、700万ドルだった予算は最終的に1億ドルを超えたといいます。

それでも2003年、ウッツォンがオペラハウスの設計者としての栄誉を称えられ、シドニー大学の名誉博士号とオーストラリア勲章を与えられたのは、やはり、この革新的なデザインが優れていたからでしょう。同年、彼は建築界最大の名誉といわれる**プリツカー賞**も受賞。そして2007年、**オペラハウスは最も建造年代が新しい世界遺産**となったのです。

世界三大がっかりのひとつ？

オペラハウスを見てきたというと「やっぱりがっかりした？」とよく聞かれま

シドニーのもうひとつのシンボル、ハーバーブリッジ。アーチを登るスリリングなアトラクションも人気。

す。というのも、オペ**ラハウスは「世界三大がっかり名所」のひとつとして挙げられることが多い**のです。がっかり名所には、他に**シンガポールのマーライオン**や**ベルギーの小便小僧**などが知られています。

しかし、ワタクシはこの3か所にがっかりなんてしませんでした。なかでもオペラハウスは十二分な見応えがあります。というよりも、**「オペラハウス程度でがっかりしているようでは、大半の世界遺産でがっかりする」**と、声を大にして叫びたいと思います。背景となるオーストラリアの青い空、青い海に映えるオペラハウスの姿は威風堂々たるもの。一体どこに文句があるというのでしょう。

「奇抜なデザインの建物なんかいくらでもある」という意見も聞こえてきます

が、そうは思えません。海風を受けて膨らんだ帆をイメージさせるデザインは、シドニー湾のロケーションにぴったりで、眺めているこちらまでヨットでクルージングをしている気分になります。爽快になります。**周りと調和していない、ただ個性的なだけの建物とは確実に一線を画す存在**です。

非凡な発想力が生んだ傑作

「近くで見ると案外汚れていて白くない」なんて声もあるようです。しかしそれも、実はオペラハウスのすごいところ。外壁は白とクリーム色のタイルで覆われていて、**太陽の位置や光の色によって、その都度、効果的に発色するように作られている**のです。

また、屋根がなく、

特徴的な壁は、ぜひ間近で見たい。また、内部を見学する日本語ツアーもあるので、時間があれば参加しよう。

緩やかな曲線を描く壁だけという特異な形状にも、きちんとした設計理論が存在します。なんと、**雨が降れば汚れが流れ落ちる**というのです。実際、完成から40年以上たった現在まで、**たったの2度しか本格的な外壁掃除をしたことはない**そうですが、その美しさは損なわれていません。

これほどまでに**芸術性と合理性を兼ね備え、機能美に満ち溢れた建築物が、最初の東京オリンピックよりも前に設計されたこと**に感心します。他の世界遺産と比べても断トツに新しい物件ですが、こうして考えてみると、たしかに世界遺産にふさわしい物凄い建造物に思えてきませんか？

近くで見るのも良いですが、シドニー湾を往来するクルーズ船に乗って海から眺めれば、風景と調和したオペラハウスの真の魅力を、きっと実感してもらえるはずです。

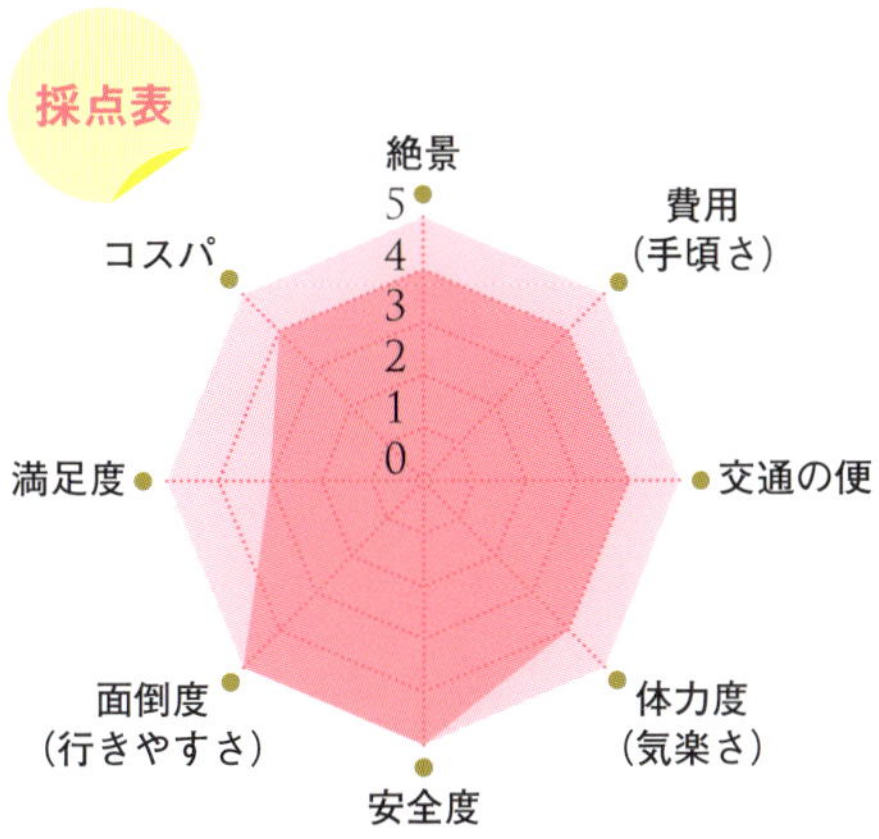

「テ・ワヒポウナム」に含まれるマウント・アスパイアリング国立公園にあるロブ・ロイ氷河。4時間のトレッキングでも訪れる価値あり。

旅のアドバイス

オーストラリアの世界遺産といえば、なんといっても世界最大のサンゴ礁**グレート・バリア・リーフ**と世界最大級の一枚岩**ウルル**（旧名**エアーズロック**）を擁する**「ウルル-カタ・ジュタ国立公園」**。しかし、暑さが苦手でカナヅチなワタクシのような人は、隣国ニュージーランドに注目です。**「テ・ワヒポウナム-南西ニュージーランド」**は、巨大な氷河やフィヨルドでのクルーズ、湖と山々の美しい競演、星空を史上初の世界遺産に登録せんと目論む街など、夏でも涼しく楽しめます。

ご当地グルメに目がない人は行ってはいけない

モン・サン＝ミシェル

MONT SAINT-MICHEL

フランス

オススメ度 ★★★☆☆

>>> ACCESS

成田…✈12時間半…パリ／シャルル・ド・ゴール…BUS 1時間…モンパルナス駅…🚃(TGV)3時間…レンヌ駅…BUS 1時間半…バスターミナル…シャトルBUS 10分…モン・サン＝ミシェル

日程&費用 4泊5日／だいたい20万円くらい

Eric Isselee/Shutterstock

「西洋の驚異」と呼ばれる島

モン・サン＝ミシェルはノルマンディー地方南部、サン・マロ湾上に浮かぶ小島で、そこにそびえ立つ修道院もまた同じ名が付けられています。708年、地元の司教が「この地に聖堂を建てよ」という大天使ミカエルからのお告げを受けて礼拝堂を造ったことが、「**聖ミカエルの山**（モン・

wims-eye-d/Shutterstock

サン＝ミシェル)」の由来です。

サン・マロ湾はヨーロッパでも潮の干満がもっとも激しい場所として知られていて、その差は15m以上にも及びます。このため、かつてのモン・サン＝ミシェルは満潮時には海に浮かび、干潮時に地続きとなる自然の橋が現れ、歩いて渡れるようになっていました。

この激しい干満の差により、一気に押し寄せる潮に呑まれる巡礼者も多く、「**モン・サン＝ミシェルに行くなら遺書を置いていけ**」という言い伝えが残っているほどの難所でもありました。1877年に対岸との間を埋め立てて道路が作られましたが、環境の変化が危惧され、現在では潮の流れを変えることのないよ

Data
遺跡名称：モン・サン・ミシェルとその湾
遺産種別：文化遺産
登 録 年：1979
登録基準：(i)(iii)(vi)

島がひとつの行政区（コミューン）にもなっているモン・サン＝ミシェル。手前で草を食むのは、名物プレサレ羊。

う橋が架けられています。

堪能するなら現地で一泊

モン・サン＝ミシェルはパリから遠いので、日帰りバスツアーで訪れる旅行者が多いようです。しかし多くの日帰りツアーでは、昼間のモン・サン＝ミシェルしか見ることができません。トワイライトから闇夜に浮かぶ幻想的なシルエット、朝日を浴びる姿まで、せっかく行くからには様々な表情が見たい！　と思ったワタクシは、現地で1泊することに決めました。

パリ・モンパルナス駅からレンヌ駅まで、フランス高速鉄道TGVで約3時間。そこからモン・サン＝ミシェル行きのバスを使って、さらに1時間半ほどで目的地に到着します。

島内にもホテルはありますが、ワタクシは心ゆくまで全貌を堪能すべく、奮発して、内陸側に建つ四つ星ホテルを選び

メインストリートは観光客で大賑わい。
人波にめげることなく、レストラン選びは慎重に。

vvoe/Shutterstock

ました。湾に面したホテルは、バルコニーからモン・サン＝ミシェルが一望できるという触れ込みでしたが、それは一部のお高い部屋に限るようで、ワタクシの部屋のバルコニーは、ほとんど雑木林に立ち塞がられ、草木の脇から申し訳程度に見えるだけでした。

特等席は、バス乗り場

ホテルからモン・サン＝ミシェルまでは約2km。歩いても行けますが、無料バスも巡回しています。実のところ、このバス乗り場から見るモン・サン＝ミシェルが最も美しく、おまけに一切お金のかからない最高のビュー・ポイントだと思いました。

島内に入ると、修道院までのメインストリートにはレストランやホテル、土産物屋が立ち並んでいます。その先には急な階段があり、それを登ると、修道院の入口が現れます。修道院は、主にゴシッ

モン・サン＝ミシェル修道院の内部は、寂しげでがらんどう。
写真で見るよりも気が滅入る。

Gerard Koudenburg/Shutterstock

ク様式ですが、内部は中世のさまざまな建築様式が混ざり合っており、数世紀に及ぶ増築と、戦争による軍事施設化などの歴史が感じられます。

中を歩いてみると「**本当に現役の修道院?」と思えるほどガランドウで、いまひとつ見応えに欠けます**。ここでのハイライトは、中庭を囲む回廊ではないでしょうか。明るく開放的で美しい回廊は、薄暗い修道院の中とは対照的に、気分を晴らしてくれます。

名物にうまいものなし?

観光地に行けば、ご当地グルメを楽しみたいもの。モン・サン＝ミシェルでは、**プレサレ羊**と**オムレツ**が有名です。

満潮にさらされて塩分を多く含んだ草を食べた羊は、ひと味違うらしいのですが、羊肉が苦手なワタクシは、オムレツを楽しむことにしました。その昔、はるばるやってきた巡礼者に精をつけてもらうため、当時貴重な卵を使って作ったのが始まりだとか。

発祥の店だという有名店が、島の入口「王の門」のすぐ近くにありますが、この店でオムレツを頼むことはオススメしません。なぜなら、**卵3個程度のオムレツが50ユーロ（!）近くもする**からです。それに、ここはフランス。水だって有料で、**チップも合わせれば、シメて1万円!**

それでも美味しければ、なんとか正当化できますが、**お世辞にも美味しいとは言えません**。多少の塩・こしょうは入っているかもしれませんが、一般的な日本人には無味に感じられます。

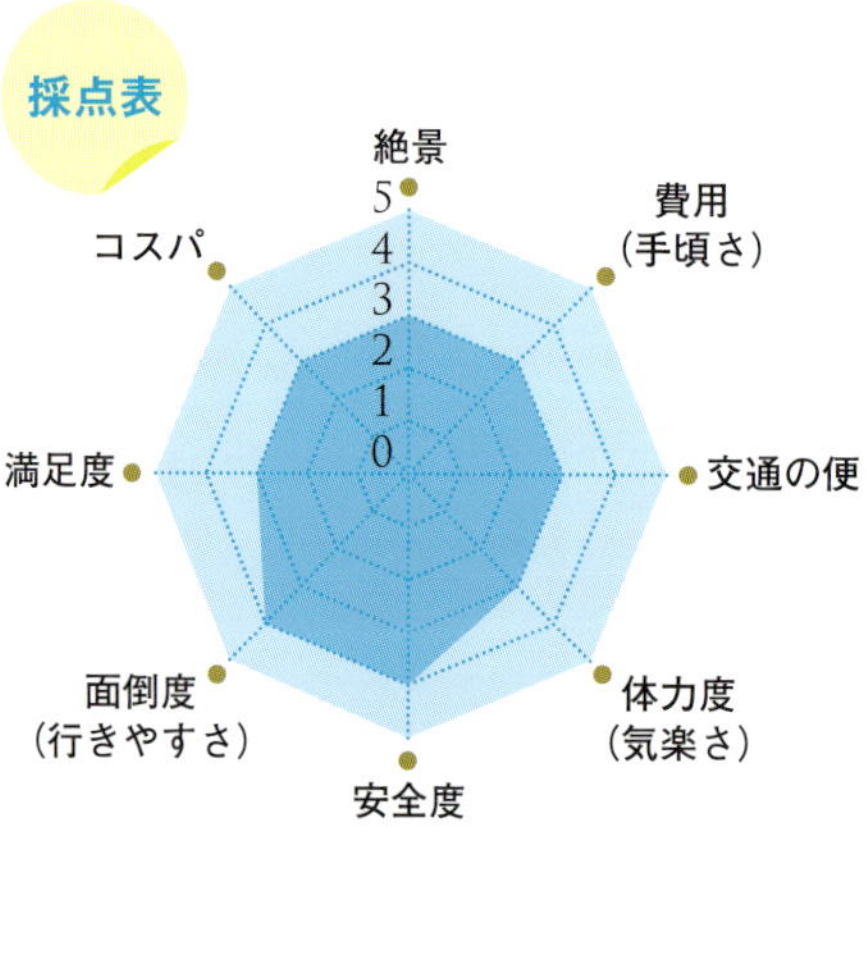

ライトアップされたモン・サン＝ミシェルはひときわ美しい。ぜひ1泊して堪能したい。

cofkocof/Shutterstock

結論としては、モン・サン＝ミシェルは、対岸のバス乗り場から眺めるシルエットがクライマックスであります。でも、せっかくなので島内に入り、修道院も見学しましょう。しかし、有名店のオムレツには注意してください。どうしても名物オムレツを食べたいなら、もっと良心的な価格の店に入ること。**15ユーロほどで、やはり味なしのオムレツにありつけます**。あるいは、オムレツ・ランチが組み込まれているバスツアーを利用するのも手です。

旅のアドバイス

ギリシャにも一風変わった修道院があります。世界遺産「**メテオラ**」は、またの名を「**空中の修道院**」。世俗を断ち切ったストイックな修道士たちが、切り立つ岩山の上に建てた修道院群で、以前は縄で引き揚げてもらうか、ハシゴでしか往来ができませんでした。今でも修道士、修道女たちが生活し祈りを捧げていますが、整備された道路は大型バスも通れるようになり、麓から修道院まで容易に行けるので、観光するのに問題はありません。

修道士たちの強い信仰心によって造られた世界遺産「メテオラ」。ギリシャ語で「中空の」を意味する言葉に由来している。

Sergey Novikov/Shutterstock

COLUMN 1

危機にさらされている世界遺産

世界遺産の中には「**危機遺産**」と呼ばれるひとつのグループがあります。天災や人災などによって普遍的価値を損なうような深刻な危機に陥った物件で、毎年行われる世界遺産委員会で新規登録とともに審議され、「**危機にさらされている世界遺産リスト**（**危機遺産リスト**）」に登録されています。２０１５年５月末現在、46件が登録されており、これは全世界遺産の５％近くにあたります（P140～141参照）。

いま世界中が懸念とともに注視しているのが、混乱が続く中東シリアの世界遺産です。内戦で空爆や火災の被害に直面し、２０１３年、国内にある６つの世界遺産すべてが危機遺産に登録されましたが、現在では、偶像崇拝を認めない過激派組織による破壊の危機にもさらされています。

Wai/Shutterstock

危機遺産となったシリアの「パルミラ遺跡」。シルクロードの交易拠点として紀元前１世紀～後３世紀に栄華を極めた砂漠の都市。

日本には、危機遺産となった世界遺産は現在も過去にもありません。しかし仮に、１９９５年の世界遺産登録以降に観光客が急増した「**白川郷・五箇山の合掌造り集落**」に、近代的な大型ホテルの建設計画が持ち上がって景観を損ねかねないと判断されたり、２０１１年に世界遺産登録された「**小笠原諸島**」が、観光客により持ち込まれた外来生物のせいで独自の生態系が崩れる危険があると判断されたりした場合は、危機遺産リスト入りすることは十分に考えられます。

危機を脱した世界遺産

一度、危機遺産リストに登録されても、当該国の努力やユネスコなどの協力によって事態が改善され、危機的状況を脱したと判断されれば、危機遺産リストから削除されます。

「**ガラパゴス諸島**」（P22）は、観光地化が進んだことによる環境汚染や外来種の侵入などを理由に、２００７年に危機遺産に登録されました。修復活動がされていたものの、20年以上も続いた内戦で再び荒廃した「**アンコー**

ル」（P66）は、1992年に世界遺産に登録されると同時に危機遺産にも登録されました。しかし、いずれもその後の対策により、ガラパゴス諸島は2010年に、アンコールは2004年に危機遺産リストから削除されています。

　これまでに危機遺産リストに載った30件近くが、その後、危機的状況を脱したとして、めでたくリストから削除されています。深刻な危機に瀕した世界遺産を救おうと多くの国や人々が尽力した結果であり、あまり脚光を浴びることはないかもしれませんが、大変に喜ばしく、もっと多くの人に知ってほしいことでもあります。

抹消された世界遺産

　しかしながら、世界遺産委員会によって危機遺産に認定された物件を〝救済〟して、危機遺産リストから削除することが万人の意向かと言えば、話はそう単純でもありません。

　2004年に世界遺産登録されたドイツの**「ドレスデン・エルベ渓谷」**は、渋滞緩和のために新しく建設される橋が文化的景観を損ねるとして、2006年に危機遺産リスト入りしました。橋建設の是非を問う住民投票や建設中止を求める裁判が起こされましたが、最終的に橋は建設されることになり、その結果、ドレスデンのエルベ渓谷は世界遺産登録を抹消されました。

Jule_Berlin/Shutterstock

景観が損なわれる危惧から一時は危機遺産となった「ドレスデン・エルベ渓谷」。その後、世界遺産委員会により世界遺産登録が抹消された。

　世界遺産に選ばれるということは、観光収入の増加など経済的側面からすれば、確実にプラスなことです。観光客が増えれば環境破壊などのリスクも高まりますが、それよりも観光客が落とすお金のほうが、住民や自治体にとっては重要な場合もあります。それを期待しているからこそ、世界遺産の登録申請に関係各所が躍起になるのです。

　しかし、ドレスデンに住む人々には、自分たちが不便な生活を強いられてまで世界遺産に縛られたくない、という思いがあったのでしょう。いったい誰のための世界遺産なのか、世界遺産になることが本当に幸せなことなのか、考えさせられる一例です。

冬に行ってはいけない 泰山

MOUNT TAISHAN

中国

オススメ度 ★★★★☆

最多の登録基準の複合遺産

1987年、「**万里の長城**」などとともに中国で最初の世界遺産に登録された泰山は、時の権力者が天と地に向けて即位を知らせ、天下太平を感謝する儀式「封禅」を執り行っていた神聖な山です。この儀式は、伝説の時代から始皇帝や武帝など多くの皇帝を経て、清の

Daryl H/Shutterstock

泰山は中国5大名山（五岳）のトップ。「泰山さえ安定すれば、国も安定する」と言い伝えられてきた。

>>> ACCESS

成田…✈4時間…北京…✈1時間…済南…TAXI 45分…バスターミナル…BUS 1時間…泰南市…TAXI 10分…登山口

日程&費用 3泊4日／15万円で豪遊

時代まで続いたそうです。道教や仏教、儒教との関係も深く、中国で最も尊ばれている山といえるでしょう。

世界遺産としての泰山を語るうえで特筆すべきは、**1000以上ある世界遺産の中で最多の登録基準を満たしている点**です。世界遺産に選ばれるには、ユネスコが定める10の登録基準（P139）のうち1つ以上を満たしている必要があります。i～viは文化遺産の、vii～xは自然遺産の登録基準ですが、泰山はi～viのすべてとviiを満たした複合遺産。エベレスト

Data
遺跡名称：泰山
遺産種別：複合遺産
登録年：1987
登録基準：(i)(ii)(iii)(iv)(v)(vi)(vii)

石に文字を刻んだ「刻石」や、仏教の経典を書き写した「経石」が、参道の至るところにある。

ですらviiのみであることからも、泰山の凄さがわかるというものです。ちなみに、同じく7つの登録基準を満たしているのは「**タスマニア原生地域**」のみ。

7500段の石段を登る

北京南駅から、泰山のある山東省・泰安駅まで特急列車で約2時間……のはずが、切符を買い間違えて、大慌てで飛行機に変更。中国の特急列車は全席指定のうえ予約で満席になると聞いて、ばっちり事前予約していたのに、痛恨のミス。読者の皆様はくれぐれも**北京南駅発と北京駅発を間違えるなんて初歩的な過ち**を犯さないようにしてください。

gringos4/Shutterstock

中国人が「一生に一度は登りたい」と願う泰山は、まさに日本人にとっての富士山。２つの名山は2007年に友好山提携を締結している。

gringos4/Shutterstock

泰山に最寄りの済南空港から乗合いタクシー、バス、さらにタクシーと乗り継ぎ、なんとか登山口である紅門に到着。予定より2時間遅れて、午後1時過ぎに登山を開始しました。

山頂まではおよそ6～7時間の道程で、登山道すべてが石段です。長く続く石段といえば金刀比羅宮（1368段）が有名ですが、**泰山の石段は、その6倍近い約7500段！** 気が遠くなるような数字ですが、ご安心を。登山道の要所要所には見事な刻石があり、まるで山全体が博物館のよう。それらを鑑賞しながら、皇帝気分も味わいつつ、登山を楽し

泰山の標高は1545m。それほど高くはないが、どんなに暖かい3月でも山頂付近は朝晩冷え込み、雪が積もる。 gringos4/Shutterstock

むことができます。

「それでも7500段はちょっと……」という方に朗報。麓から中腹にある中天門まではバスが通っており、そこから登り始めることも可能です。また、中天門と山頂をつなぐロープウェイもあるため、**てっぺんに行くだけならば実は簡単に行けてしまう**のです。

冬季の宿泊には要注意

泰山の山頂付近には、碧霞元君という女神を祀る祠や、最高峰に位置する玉皇廟など、見どころがたくさんあります。また、みやげ店やレストラン、ホテルなどが並んでおり、天上にある仙境のような市場ということから「天街」という名が付いています。

日没直前に、なんとか山頂の入口となる南天門に四つん這いになりながら到着したワタクシ。門をくぐっても立ち上がれず、天街にあるホテルまで四つん這いで行き、そのままチェックイン。朝から大慌てだったのと急ぎ足の登山のおかげで、エネルギーはほとんど残っていません。ところが、それに追い打ちをかけるような出来事が……。

部屋のトイレの便器の中に、誰かが置き去りにしていったと思われる茶色い固形物がこんもりと。目を疑いました。ですが、もはや怒る気力も体力もなく、見

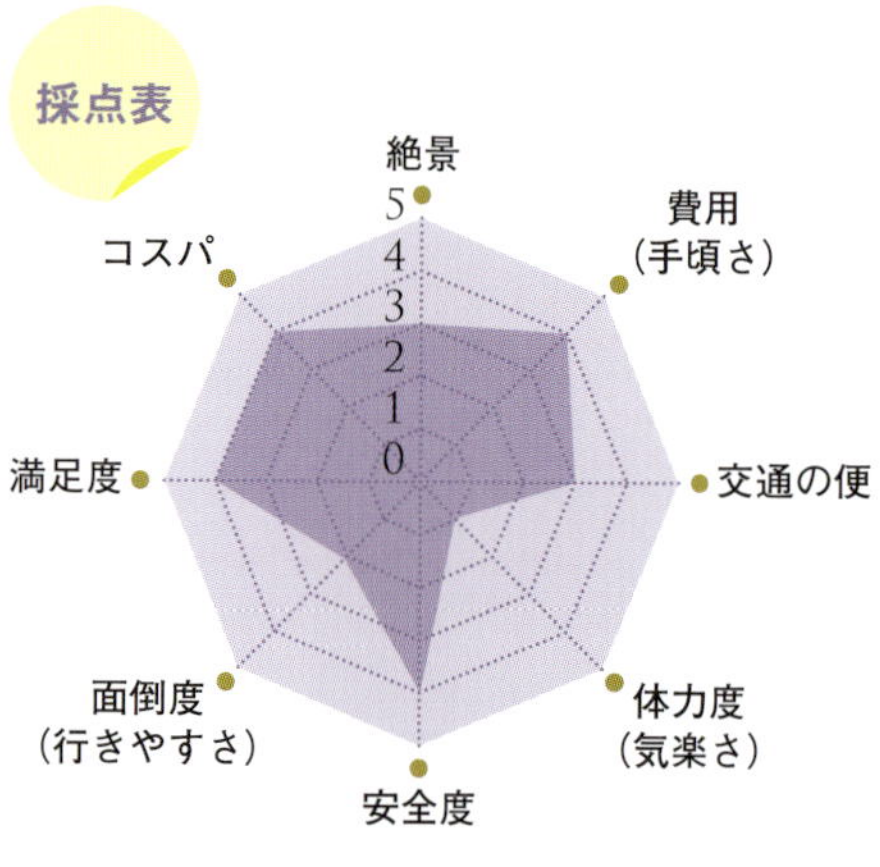

なかったことにして水洗タンクのレバーを回します。……妙に軽い。そう、**タンクに水が入っていなかったのです！**　ワタクシはすべての思考を放棄し、そのまま便器の蓋を閉じました。そして、ホテル内の共同トイレを使うことにしたのですが、そこは臭気漂う汲み取り式トイレ。**ホテルなのに、汲み取り式！**　せっかく立派なホテルを選んだのに！

　これらの謎を解明するためにフロントに赴くと、**冬の間は水道が凍結するため、山頂にあるホテルはすべて断水している**、と説明してくれました。ワタクシが訪れたのは3月下旬。昼間の登山中はむしろ暑いほどでした。しかし山頂では、3月いっぱいは朝晩に雪が降るため断水になるとのこと。翌朝、真っ白な雪化粧に染まった景色を見て、これでは水道も凍結するはずと納得したのでした。

　汲み取り式トイレに抵抗がある方は、冬の泰山には行かないほうが賢明です。

「カナイマ国立公園」のロライマ山への登山は5泊6日！　だが、その苦労に見合うだけの景色が待っている。

ロライマ山のクリスタル・バレーには、その名の通り水晶が散乱している。もちろん、持ち出しは禁止。

旅のアドバイス

登山系の世界遺産でおすすめしたいのは、マレーシアの「**キナバル自然公園**」。東南アジア最高峰の**キナバル山**（4095m）へは1泊2日のご来光コースが定番。**テーブルマウンテン**で知られる南米ベネズエラのギアナ高地には「**カナイマ国立公園**」があります。最高峰の**ロライマ山**で見たクリスタル・バレーは一生忘れられません。アフリカ大陸最高峰5895mの**キリマンジャロ**（「**キリマンジャロ国立公園**」タンザニア）も、いつかは制覇してみたいものです。

熱海観光の後に行ってはいけない

アマルフィ海岸

COSTIERA AMALFITANA

イタリア

オススメ度 ★☆☆☆☆

>>> ACCESS

成田…13時間…ローマ…3時間…ナポリ…75分…カプリ島…20分…ソレント…BUS 2時間…アマルフィ

日程&費用 4泊5日／20万円で十分

元海洋国家のリゾート地

アマルフィ海岸はナポリの南東に位置し、ソレント半島の南岸、サレルノ湾に面した海岸で、「**世界で一番美しい海岸線**」と言われています。中心都市アマルフィは、中世にナポリ公国から独立し、アマルフィ公国（共和国）となった歴史があります。地中海貿易の先駆者であり、初めて海商法を整備したこの国は、イタリアにおける商業の中心地として隆

Mikadun/Shutterstock

地中海に面したアマルフィ海岸は、写真ではとても綺麗に見えるが、実際はそれほどでもない。

盛を極めました。

そんな海洋大国も、現在は高級リゾート地として有名です。急勾配の斜面に張り付くように広がる街には、迷路のように階段や道が張り巡らされ、整備された近代都市とは違って歴史を感じさせてくれます。

アマルフィという地名は、ギリシア神話の英雄ヘラクレスが愛した精霊の名に由来しています。ある日、突然死んでしまった精霊。それを嘆いたヘラクレスが世界で最も美しいこの土地に彼女を葬り、その名を付けた、とされています。

実は、元々ここに行くつもりはありませんでした。ナポリで観光を楽しんだワ

Data

遺跡名称：アマルフィ海岸
遺産種別：文化遺産
登録年：1997
登録基準：(ii)(iv)(v)

上：こちら、我らが日本の誇る熱海の風景。アマルフィといわれてもわからないのでは？

下：狭い砂浜にぎっしりと並ぶパラソル。ヨーロッパの人々にとっては高級リゾート地らしい。

Matyas Rehak/Shutterstock

青の洞窟があるカプリ島は世界遺産ではないが、アマルフィ海岸よりもずっと楽しめる。

タクシは、「**青の洞窟**」（世界遺産ではありません）を見るためにカプリ島に渡りました。神秘的に輝く静謐な美しさを堪能し、ナポリに帰るフェリーチケットを購入しようとしたところ、ソレント行きのフェリーを発見、思わず乗船したのです。アマルフィへは、ソレントからバスで約2時間。青の洞窟のついでに行けるなら好都合、なんて思ってしまったのが事の発端でした（ちなみに、ナポリからソレントへは電車でも行けます）。

世界で一番美しい海岸？

アマルフィの中心に着くと、砂浜はすぐ近くです。といっても、**砂浜は猫の額ほどしかありません**。この半島にあるビーチは、どこもかしこも小さいものばかり。こんな小さなビーチでは満足できません。

ビーチのすぐそばまで迫る山の斜面には、家々が立ち並んでいます。弧を描くビーチを見下ろす家並みが、きっと美しい海岸といわれている所以なのでしょうが、ワタクシは思ったのです——**熱海にそっくり**だ、と。そうです、伊豆半島の由緒ある観光地、あの熱海です。後ろは山で目の前は海。斜面に強引に建てられた家々。洋風建築と和風建築の違いはあるにせよ、**俯瞰で見れば、ほぼ一緒**。大きな差があるようには思えません。

アマルフィの街に入るとすぐに、代表的な建造物である**アマルフィ大聖堂**があります。イタリアにある他の大聖堂とは違い、さまざまな建築様式が混在した珍しい形をしています。教会好きな方や建築関係の方には一見の価値があるかもしれません。しか

MAR COBALTO SPIAGGIA SNACK
BAR

し、アマルフィ・ショックに打ちのめされたワタクシを奈落の底から救い出すには力不足です。

旅にコスパを求めるならば

アマルフィ海岸は世界遺産ですが、それよりも「世界一美しい海岸」として脚光を浴びています。それを聞く度に「本当か？」と疑問が浮かんでしまいます。だって、**言ったのはヘラクレスですよ？** もちろん、強い日差しに青い空と海、切り立った崖、立ち並ぶ建物……この景色を美しいと思ったって異は唱えません。ただ、**この程度なら、わざわざイタリアに来なくても、熱海でよくないか？** とも思ってしまうわけです。世界遺産を訪れる、ということ自体が目当てでない限り。

旅行には、お金も時間もかかります。できれ

LianeM/Shutterstock

海岸線の他に見るべきものは、このアマルフィ大聖堂ぐらい。ちなみに名産はレモンやオリーブで、これといったご当地グルメもない。

ば、かけたお金と時間に見合った感動を得たいものです。そういう意味でアマル**フィは、あまりコストパフォーマンスが良いとはいえなかった**のです。なにしろ、このあと再び2時間バスに揺られて、さらに電車で1時間。ナポリに戻ってきたときには、もう夜遅くでした。**ちょっと魔がさしてイタリアの熱海に立ち寄っただけなのに……**。日本の熱海なら、東京から新幹線で50分ですよ！

さて、こんな熱海チックなアマルフィですが、どうしても行きたいということならば、移動時間のことも考えると、ア**マルフィで1泊したほうが身体に優しい**かと思われます。

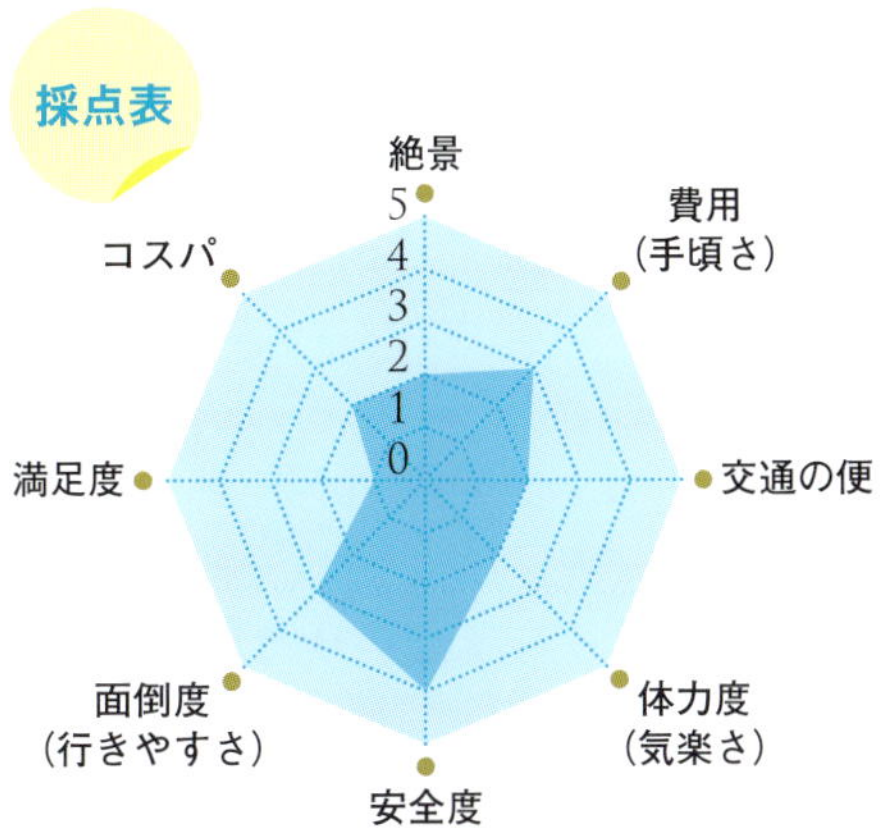

市街地が世界遺産に登録されているアルベロベッロには、約1500軒のトゥルッリが建つ。部屋ごとに屋根があり、屋根に描かれた白い模様も特徴。　leoks/Shutterstock

旅のアドバイス

イタリアは最多の世界遺産を持つ国。**「ローマ歴史地区、教皇領とサン・パオロ・フオーリ・レ・ムーラ大聖堂」「フィレンツェ歴史地区」「ヴェネツィアとその潟」「ナポリ歴史地区」**に行きがちですが早まってはいけません。東海岸側にある**「マテーラの洞窟住居と岩窟教会公園」**と**「アルベロベッロのトゥルッリ」**に行きましょう。渓谷の斜面を掘って作った洞窟住居群は圧巻だし、大聖堂など見所も多い。おとぎ話に出てきそうなトゥルッリ（円錐形の屋根を持つ家）からは、今にも妖精が出てきそうです。どちらも一部が宿泊施設になっています。

時間がないときに
行ってはいけない

ダンブッラの黄金寺院

GOLDEN TEMPLE OF DAMBULLA

スリランカ

オススメ度 ★★☆☆☆

この国は、**文化三角地帯**と名付けられた一帯に5つの世界遺産が集中しています。ダンブッラの黄金寺院も、文化三角地帯のほぼ中心にあります。わざわざ黄金寺院と名付けられているあたり、かなり期待をさせてくれます。

紀元前1世紀、侵略者に都を追われた王は、この地に身を寄せました。そして十数年後に都を奪い返したのち、感謝の意を込めて建てたのが、この石窟寺院なのです。それから2000年もの間、王が変わり、時代が変わり、首都が変わっても、この寺院は変わることなく人々に守られてきました。スリランカには数多くの石窟寺院がありますが、なかでも最大のものが、このダンブッラの黄金寺院です。

2000年の歴史をもつ寺院

2009年頃まで内戦状態にあったスリランカは、これから観光産業が本格化するであろう国。インドと似たり寄ったりと想像していたら大違い。紅茶はさすがの美味しさで、物価も安い。そして何より、誰もが気さくで人がいい。外国に来たというより、日本の田舎に来たかのように居心地がいいこの国は今後大注目です。

>>> ACCESS

成田…✈9時間半…スリランカ／コロンボ…TAXI 40分…BUS 4時間…バス停…🚶20分…黄金寺院

日程&費用 5泊6日／15万円で文化三角地帯を満喫できる

Data

遺跡名称：ダンブッラの黄金寺院
遺産種別：文化遺産
登録年：1991
登録基準：(i)(vi)

高さ150ｍの岩山に造られた石窟寺院の入口では、金ピカの大仏が出迎えてくれる。足元のカラフルな建物は博物館。

Milosz_M/Shutterstock

上：黄金寺院のゲート手前で靴を預ける。この辺りにも猿がウロついている。
下：黄金寺院まで続く登山道の入口。ここからが長い。

黄金を求めて岩山を登る

文化三角地帯には高速道路がないため、ローカル色溢れた一般道を、乗り合いバスか路線バスに揺られて往来します。しかし、**ダンブッラの街は質素なうえ、かなり小さいので、油断すると通りすぎかねません**。

黄金寺院は、ダンブッラのバス停から歩いて20分の場所にあります。窓口でチケットを買ったら、驚いたことに登山道へ通されます。登山口では黄金に輝く巨大なブッタ像が来る者を見下ろしていますが、なんとなくチープな印象で、神々しさはありません。

野生の猿に注意しながら30分ほど岩山を登ると、お目当ての石窟寺院が見えてきます。しかし、**寺院自体は黄金ではありません**。なかには5つの石窟があり、

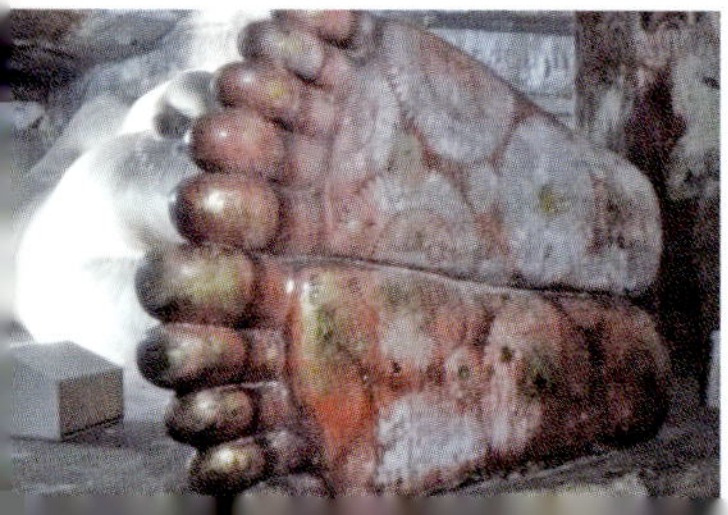

5つある石窟には多くの仏像や神像が置かれている。ダンブッラとは「水の湧き出る岩」という意味で、第2窟の天井から滴り落ちる湧水が、その由来。

内部は薄暗いため煌びやかには見えませんが、黄金色をした仏像や神像などが全部で160体近くもあるそうです。**決して広くない石窟で、窮屈そうにしている黄金像を不憫に思ってしまう**のはワタクシだけでしょうか。

黄金寺院は思いのほか、呆気なく見終わってしまいます。早い人なら30分もあれば、すべて見てまわれそうです。**バス停に戻ったころには、元気な猿を避けてゼーゼー言いながら灼熱の岩山を登った記憶のほうが、鮮明に残っていたりします。**

時間がなければパスしてよし

スリランカ世界遺産の雄「**古代都市シギリヤ**」は、ダンブッラの近くにあります。王宮兼要塞であったこの岩山は日本でも人気が高く、ダンブッラからバスで30分ほどの距離。それほど高くなく1時間ほどで登れるのですが、近いからといって両方を一日でまわるなら、体力と相談が必要かもしれません。

文化三角地帯の左角には「**聖地アヌラーダプラ**」があります。ここはスリランカ最古の首都で、巨大なルワンウェリサーヤ大塔をはじめ、多くの仏教寺院が立ち並ぶその光景は、同じ仏教国とは思えないほどに強烈な異国感を押しつけてきます。

アジア有数の大遺跡群「**古代都市ポロンナルワ**」は文化三角地帯の右角にあり、また下角には「**聖地キャンディ**」があります。湖を中心にした緑豊かなこの地は、スリランカで優雅な時間が過ごせる街として観光客に大人気。ブッダの歯が納められているという装飾豪華な**仏歯寺**が有名で、寄進者が後を絶たないのだそうです。

ダンブッラの黄金寺院は、ネーミング**こそ派手ですが**、**文化三角地帯で最も地味な世界遺産**です。もし、5つの世界遺産をまわるだけの十分な時間がない場合は、**迷わずダンブッラを素通りしてください**。

右上：岩山の上の王宮と、それを取り囲むように造られた街の遺跡、「古代都市シギリヤ」。

左上：「聖地アヌラーダプラ」のトゥーパーラーマ仏塔。ブッダの右鎖骨が祀られているらしい。

右下：仏教都市として栄えた「古代都市ポロンナルワ」には、多くの遺跡が残っている。

左下：「聖地キャンディ」の仏歯寺。寺院というより博物館といった感じ。

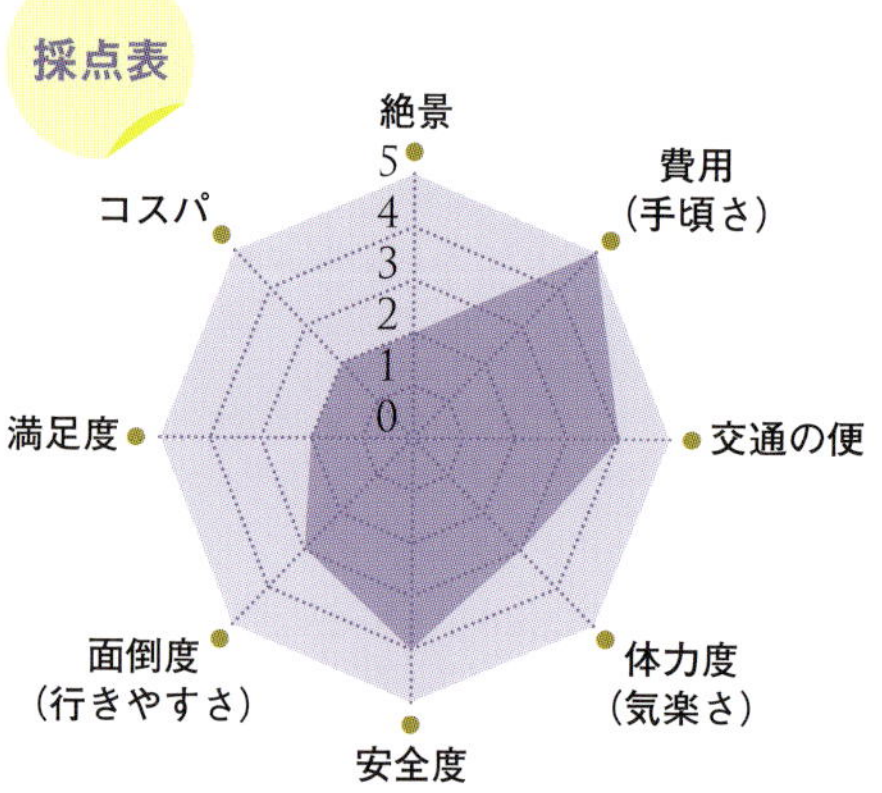

言わずと知れたサグラダ・ファミリア。如何せん建設中なので神々しさは感じられないが、地下鉄駅から地上に出て振り返って見ると、かなり衝撃的。

旅のアドバイス

インパクトのある宗教施設の世界遺産なら、この3つ。あまりの大きさに唖然とさせられるドイツの「**ケルン大聖堂**」には、生きている聖なる巨人のような威厳を感じます。チベット自治区ラサにあるのは、最高指導者が代々住み続けた**ポタラ宮**（「**ラサのポタラ宮歴史地区**」）。建物というより、何か特殊な力を持った“生き物の体内”にいるような感覚に襲われます。世界中の期待を一身に背負っている**サグラダ・ファミリア**（「**アントニ・ガウディの作品群**」）は、未完成でありながら内部見学が始まっています。細部のデザインにも油断せずに目を凝らして見てみましょう。

体調が悪いときに行ってはいけない

ナスカの地上絵

LINES AND GEOGLYPHS OF NASCA

ペルー

オススメ度 ★★★★☆

謎多き巨大地上絵

ペルーの首都リマから400km南にあるナスカ平原に、その地上絵はあります。このミステリアスな幾何学図形や動植物の絵は1939年、考古学者のポール・コソック博士によって発見されました。紀元前200年~紀元後800年、ナスカ文化の時代に描かれたことがわかっていますが、なぜこのような巨大な絵を描いたのかという理由については、い

Pixeljoy/Shutterstock

空からしかその全貌を把握することができないナスカの地上絵。「ハチドリ」は全長100mの大きさ。この写真ではハッキリ見えるが実際は……

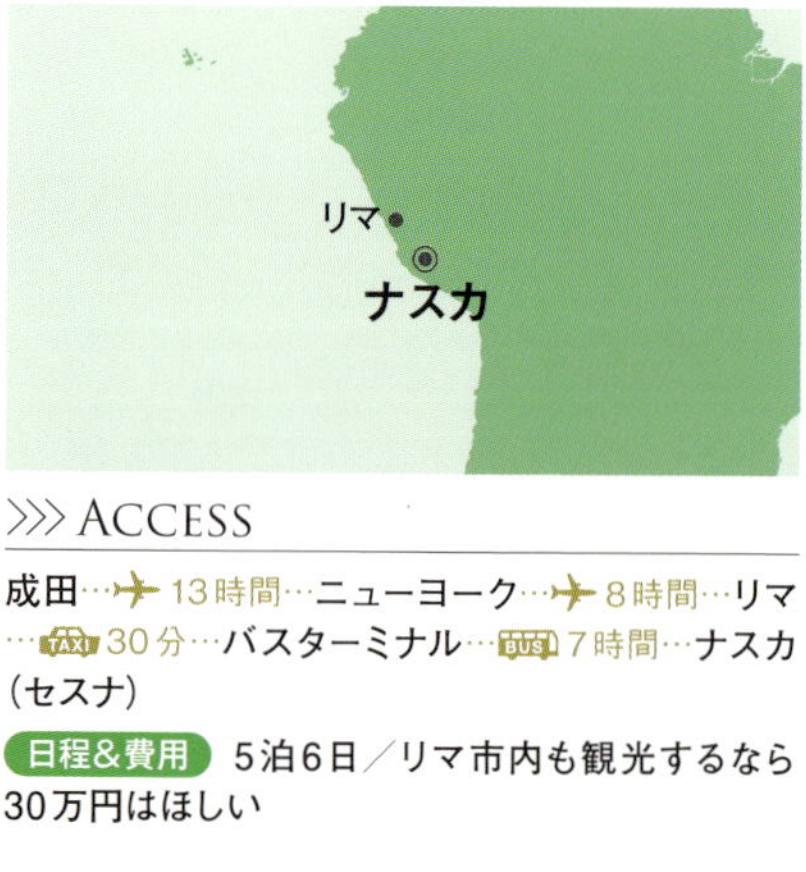

>>> ACCESS

成田…✈13時間…ニューヨーク…✈8時間…リマ…TAXI 30分…バスターミナル…BUS 7時間…ナスカ（セスナ）

日程&費用 5泊6日／リマ市内も観光するなら30万円はほしい

まだ解明されていません。

ナスカの地上絵を見に行く方法は、ざっと3パターンありますが、いずれも起点となるのはリマです。リマからナスカまでセスナで一気に飛ぶか、ナスカまで7時間バスに揺られて現地でセスナに乗り込むか、リマとナスカの途中にある町からセスナで飛ぶか。もちろん、現地ナスカでセスナに乗り込むのが最も安く、1万円程度で遊覧飛行ができます。

ちなみに、リマも世界遺産（**「リマ歴史地区」**）に登録されている立派な観光

Data

遺跡名称：ナスカとフマナ平原の地上絵
遺産種別：文化遺産
登　録　年：1994
登録基準：(i)(iii)(iv)

この写真の中に、全長190ｍの「トカゲ」（ハイウェーで分断されている）、全長70ｍの「木」、全長50ｍの「手」がある。見つけられますか？

地ですので、どうぞお見逃しなく。

どこに地上絵が……？

ナスカ空港は地上絵のすぐ近くにあります。遊覧飛行専用の空港なので、とてもカジュアルな雰囲気で、観光客でごったがえしています。

乗客4人を乗せたセスナ機が離陸すると、ものの数分で地上絵にさしかかります。途端にセスナ機は、**側転するのではないかと心配するほどに機体を傾けて、**地上絵を見やすくしてくれます。副操縦士らしきパイロットが地上を指差して「あれが宇宙飛行士です」などと説明してくれますが、**窓の外に広がる地表は広範囲で、しかも一面砂色なので、どこを指差しているのかよくわかりません。**セスナといえどもかなりスピードが速

上：陽気なパイロットを信じて、アクロバット飛行へスタート。
下：この荒涼とした岩山の先に、ナスカ平原が広がる。

く、**地上絵を見つける前にすぐに次のポイントに移動**してしまいます。

地上絵は、地面を浅く掘って描かれています。なので、どんなに目を凝らして地表を見つめても、地上絵を見つけることは容易ではありません。「あれがハチドリです」と指差され、地表を探しても、ハチドリのようなそうでないような、まったく確信が持てません。**なんとか肉眼で地上絵をとらえても、気流で機体が揺れるたびに、また見失ってしまいます。**そうこうしている間に、今度は反対側に機体が傾き、副操縦士が叫んで指差します。が、またも肉眼では確認できないまま、セスナ機は高速で移動してゆくのです。

山の斜面に、右手を挙げた「宇宙飛行士」とも「宇宙人」ともいわれる絵が見える。

写真上部には、逆さまになった全長50ｍの「犬」が描かれているが……。

右に、左に、リバースの危機

30分の飛行で20前後の地上絵を見られるはずなのですが、肉眼で探し出すことの難しさに面喰らったワタクシはデジカメに頼り、とにかく指差されたほうを撮りまくりました。右に傾いてバシャバシャ、左に傾いてバシャバシャ。

すると、いきなり副操縦士がビニール袋を差し出すので、どうしたのかと振り返ってみると、**後方に座っていたカップルが、あまりにアクロバティックな飛行にリバース寸前**。この回転っぷりなら当然ともいえますが、お金も手間も時間もかけてここまでやって来たのに、酔ってなんかいられません。幸いワタクシは最後ま

で酔いませんでしたが、他の客は地上絵どころじゃなかったようです（ちなみにカップルはそろってビニール袋を活用していました）。

結局、**ハッキリと肉眼で確認できたのは5つほど**。それでも努力の甲斐あって、デジカメ画像をゆっくり調べると、確かに地上絵は写っていました。

ナスカの地上絵を見るには、セスナ機に乗らなければ始まりません。天候が悪ければ、そのセスナ機も飛びません。そして、ナスカはリマからかなり離れています。行くならば、時間に余裕を持つか、予算に余裕を持ったほうがいいでしょう。できることなら、**アクロバット飛行に耐えられるように、三半規管も鍛えておきましょう**。そして、地上絵が思いのほか見づらいことも、あらかじめ知っておかなければなりません。

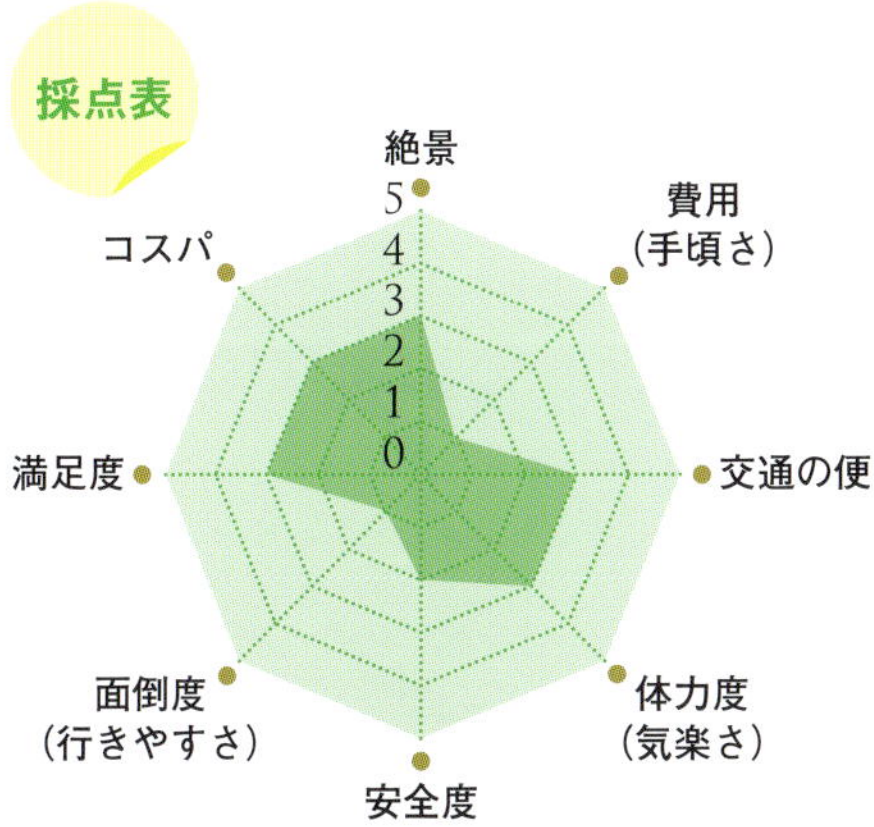

ボロブドゥルは世界最大級の仏教寺院で、遺跡の総面積は1万5000㎡にもおよぶ。他の2寺院とともに「遺跡群」として世界遺産登録されている。　Manamana/Shutterstock

旅のアドバイス

ミステリアスなイメージに誘われて苦労の末にナスカに行っても、地上絵は容易に見られるものではありません。いっそ、インドネシア・ジャワ島にある「**ボロブドゥル寺院遺跡群**」に行ってはどうでしょう。なかでもボロブドゥル寺院はひとつの巨大な石造建築物ですが、緑の中に不自然に佇む不気味な黒いシルエットは、森に着陸したUFOにしか見えません。このような奇妙な感覚は、そうそう味わえるものではありません。

夏に行ってはいけない

アンコール

ANGKOR

カンボジア

オススメ度 ★★★★☆

2度も破壊された遺跡群

アジアにある世界遺産で知名度、人気ともにナンバーワンなのが、アンコール遺跡ではないでしょうか。9世紀、現在のカンボジア王国のもととなった**クメール王朝**が始まります。最盛期にはインドシナ半島のほぼ全域を治めたといい、その都が置かれたのがアンコールです。巨大な遺跡は、600年続いた王朝の栄華の証といえます。

Tom Roche/Shutterstock

大小600以上の遺跡があるアンコール。もっとも有名なアンコール・ワットは「王都の寺院」を意味し、12世紀に建てられた。

ACCESS

成田…✈7時間…バンコク…✈1時間…シェムリアップ…トゥクトゥク20分…アンコール

日程&費用 4泊5日／なんと10万円！

1431年に隣国アユタヤ（現在のタイ）の侵攻でアンコールが破壊され、プノンペンに都が遷ると、この地は打ち捨てられて荒廃します。1860年にフランス人によって発見されるまでの長い間、密林に覆われていたのです。その後、カンボジアがフランス統治下に置かれたことで保存・修復が始まりましたが、1970年、今度は内戦が勃発。遺跡はまたも破壊されてしまいます。

現在は国も安定し、ユネスコなどの国際機関と各国からの支援よって、修復活動が行なわれています。

Data
遺跡名称：アンコール
遺産種別：文化遺産
登 録 年：1992
登録基準：(i)(ii)(iii)(iv)

遺跡を救うジャパンマネー

このような修復を必要とする世界遺産

はたくさんあり、その原資のひとつとなるのが**世界遺産基金**です。世界遺産条約の締約国が支払う分担金と任意の拠出金によって、世界遺産の真の目的である保護が行なわれているのです。

日本は上位の拠出国で、2013年には2900万円の分担金を拠出しています。**これまでにアンコール遺跡の修復支援に投じられたジャパンマネーは、実に30億円以上！**　これは、日本が支援した海外の世界遺産では最高額で、2位の**「バーミヤン渓谷の文化的景観と古代遺跡群」**の6倍にもなります。なんだか、アンコールが身近に感じられてきます。

広すぎて暑すぎる巨大遺跡

遺跡観光の拠点は、シェムリアップという街です。長らく忘れ去られていた都は、いまではしがない田舎町ですが、遺

上：残酷なまでの陽射しに焼かれるのは、遺跡も同じ。
下：繰り返された破壊の爪あとが残ったままの遺跡も多い。

跡のおかげでしょうか、シェムリアップには国際空港があります。日本からの直行便はまだないものの、近隣国から直接入ることができます。

美術的・民俗学的価値が高いことで知られるアンコール遺跡ですが、**想像を遥かに超えるほど広大**です。400㎢という**面積は名古屋市（326㎢）より広く、そこに大小600もの遺跡が点在し**ているのです。

あまりにも広くて歩いて回るのは不可能なので、レンタサイクルを紹介しているガイドブックをよく目にします。しかし、年間平均気温が30℃近い土地です。日中はとにかく暑く、ワタクシが訪れた**5月は地獄のようでした。比較的涼しいといわれる11月でも、平均最高気温は30℃を超えます。**

散策するならヤケドに注意

カンボジア国旗にも描かれている**アン**

熱帯モンスーン気候に属するカンボジア。乾季（5月～10月）と雨季（11月～4月）に分かれるが、年間を通して高温多湿なことには変わりない。対策は万全に。

コール・ワットは、アンコールにある遺跡のひとつで、クメール建築の傑作と言われるヒンズー教寺院です。**この寺院だけでも東京ドーム42個分もあり、ひととおり見学すると3時間はかかる**でしょう。しかし、これは灼熱の遺跡探訪の入口にすぎません。

多くの観光客は次に、2km離れた場所にある、もうひとつのメジャー遺跡**アンコール・トム**の南大門をくぐります。こちらは3km四方の城壁に囲まれた、ヒンズー教と仏教とが混在した遺跡群エリア。寺院や王宮、塔、テラスなどが点在し、**駆け足でまわっても4時間近くかかり、屋根のない遺跡も多いので、油断すると日射病にかかってしまうほど危険**です。

この辺りで暑さに負けそうになりますが、もうひと踏ん張りして**タ・プローム**まで行きましょう。自然のままに成長した樹木たちに呑み込まれた寺院は、日

ガジュマルに乗っ取られそうなタ・プローム。修復に関する議論を呼んでいる。

本人に一番人気だそうです。崩壊した箇所も多いのですが、**地球を植物に乗っ取られるパニック・アドベンチャー映画の主人公になった気分に浸れます。**しかし、ここも見た目以上に広く足場も悪いので、疲れた体にはきついかもしれません。

この3か所は6㎞圏内にありますが、広大なアンコール遺跡のほんの一部にすぎません。平坦な敷地を甘く見てレンタサイクルでまわろうとしたら、文字どおりヤケドします。強い陽射しが苦手な人は、トゥクトゥクと呼ばれる三輪タクシーを利用しましょう。ホテルなどが斡旋するトゥクトゥクは一日チャーターして3000円程度。それでも、屋根のない遺跡では残酷な太陽に焼かれ続けるので、覚悟して挑んでください。

採点表

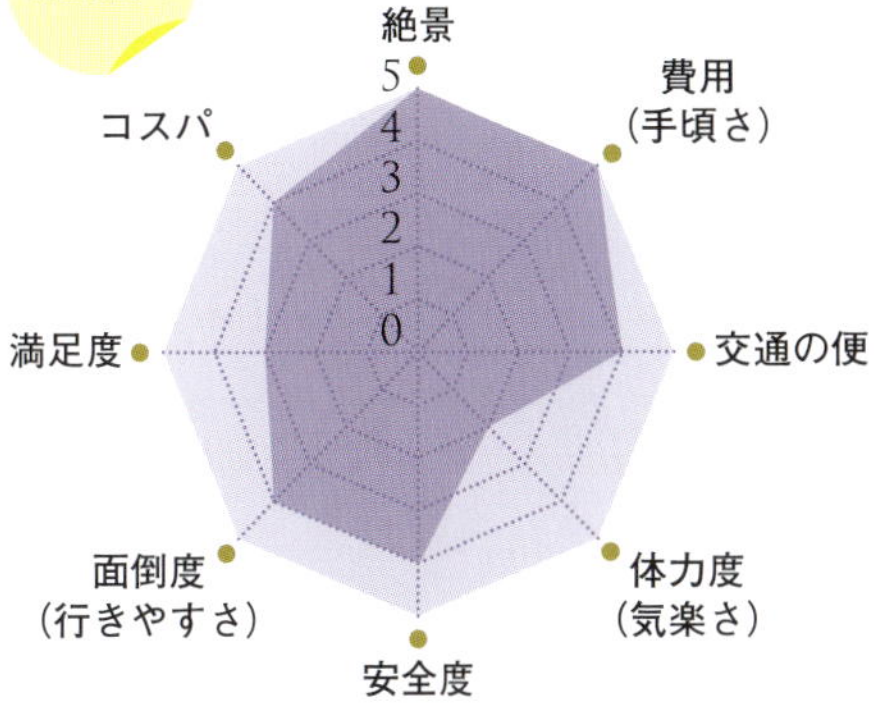

湖に見えるほどの人工貯水池、西バライ。中央の人工島にはヒンズー教寺院がある。なお、東バライは干上がってしまった。

旅のアドバイス

アンコール遺跡を観光中に暑さに耐えられなくなったら、迷わず**西バライ**に避難です。11世紀ごろに造られた東西8㎞・南北2㎞の貯水池で、アンコールの都に住む60万もの人々の生活を支えていました。今では現地の家族連れや若者で賑わう水浴び場となっていて、海の家よろしく屋台や貸しゴザ、ハンモック、パラソルもあって、心ゆくまで涼めます。

夕暮れ時のアンコール。拠点となるシェムリアップの街にはクラブやバーも多く、ナイトライフも楽しめる。特にオススメはマッサージ。激安。

COLUMN 2

増え続ける世界遺産

テレビや雑誌で途切れることなく取り上げられたおかげで、世界遺産はすっかり旅行業界のキラーコンテンツへと成長しました。海外旅行のパッケージツアーには必ずと言っていいほど入っていて、世界遺産を一切まわらないツアーを探すのに苦労するほどです。

それもそのはず。2014年には、世界遺産を持つ国が161か国にまで増え、登録件数はとうとう1000件を超えたのです。ツアーが組まれるような国には、まず間違いなく世界遺産があると思っていいでしょう。

そもそも世界遺産とは？

日本ユネスコ協会連盟のホームページによると世界遺産は、「地球の生成と人類の歴史によって生み出され、過去から現在へと引き継がれてきたかけがえのない宝物」であり、「現在を生きる世界中の人びとが過去から引継ぎ、未来へと伝えていかなければならない人類共通の遺産」とされています。つまり、地球にある貴重な自然や文化財を、国を超えて守り、未来へ遺していきましょうという取り組みなのです。

その歴史は、1972年の第17回ユネスコ総会で採択された**世界遺産条約**（世界の文化遺産及び自然遺産の保護に関する条約）に始まります。この条約を締約した国の中から選出された21か国によって**世界遺産委員会**が組織され、この委員会によって選ばれ、**世界遺産リスト**に記載された物件（建物や場所など）だけが世界遺産を名乗ることができます。

世界遺産条約は国際条約ですから、当然、これを締約していない国には世界遺産はありません。「**ガラパゴス諸島**」（P22）などが第1号の世界遺産に登録された1978年には42か国だった締約国は、現在では191か国。国連加盟国が193か国であることを考えると、「最も成功した条約のひとつ」と言われるのもうなずけます。

新しく登録される物件は、毎年6〜7月頃に開かれる世界遺産委員会で決められます（2015年は6月28日〜7月8日に開催予定）。過去には一度に61件もの大量登録がされた年もありますが、最近では年に30件前後の新規登録で推移しています。

Vadim Petrakov/Shutterstock

世界遺産1000件目に登録されたボツワナの「オカバンゴ・デルタ」。カラハリ砂漠のオアシスとなっていて、さまざまな野生動物が生息している自然遺産。

そして2014年、26件が新たに登録された結果、登録総数は1007件（文化遺産779件、自然遺産197件、複合遺産31件）にまで増えました。ちなみに、公式に「1000件目」と発表されたのはボツワナにある大湿地帯「**オカバンゴ・デルタ**」です。

上限を決めるべきか？

このまま世界遺産が増え続けて、あっちにもこっちにも世界遺産ができれば、人々の世界遺産に対する意識も少なからず変わってくるはずです。実際、世界遺産委員会でも幾度となく、登録数に上限を定めてはどうかという議論がされてきたそうです。

でも、数合わせのために守るべき人類の宝が絞られるというのは、おかしな話です。「顕著な普遍的価値」が重要視されるのではなく、早い者勝ちになりかねません。現在最も多くの世界遺産を持つイタリアには50もの登録物件がありますが、片や、ひとつの世界遺産も持たない国がまだ30か国（締約国のうち）もあるのです。

たとえば、上限を2000件に決めたとしましょう。今のペースで増え続ければ35年後の2050年頃には打ち切りとなります。しかし、「**シドニー・オペラハウス**」（P28）のように築34年で登録された建物や、遷都して新首都となったブラジルの「**ブラジリア**」のように、できて27年で登録された街もあるのです。今後新しく作られる建造物や街が近い将来に世界遺産にふさわしいと評価されたとしても、定員オーバーで登録されない、という事態になりかねません。

脱・ヨーロッパ偏重へ

世界遺産が抱える問題は、これだけではありません。現在登録されている物件はヨーロッパに偏っているため、他の地域との均衡化が必要だとされています。すでに多くの世界遺産を持っている国よりも、いまだ登録数がゼロやわずかの国の物件を優先して新登録しよう、という「配慮」もあるようです。

その一方で、世界遺産の登録申請には、念入りな準備と相当額の費用が必要なため、ノウハウと資金に乏しい途上国が、条約締約後も世界遺産登録を成し遂げられていない現実もあります。また、事前審査で専門家から「世界遺産にはふさわしくない」と否定的な見解が出された物件が、本審査である世界遺産委員会で逆転登録されることも昨今では珍しくなくなりました。

ユネスコの「世界遺産」の取り組みには大賛成です。この活動により地球の宝とはどういった建物や街、自然なのかを再認識した人も多いでしょう。とはいえ、様々な思惑や人間的な配慮が交差する中での選定作業は、もっと生々しく、政治的なもののようです。

登録総数が1000件を超えた今、世界遺産という肩書きだけでありがたがるのはやめにして、自分なりの向き合い方を見つけてみてはどうでしょう。

鉄道の旅に憧れて行ってはいけない

キジ島の木造教会

KIZHI POGOST

ロシア

オススメ度 ★★★★☆

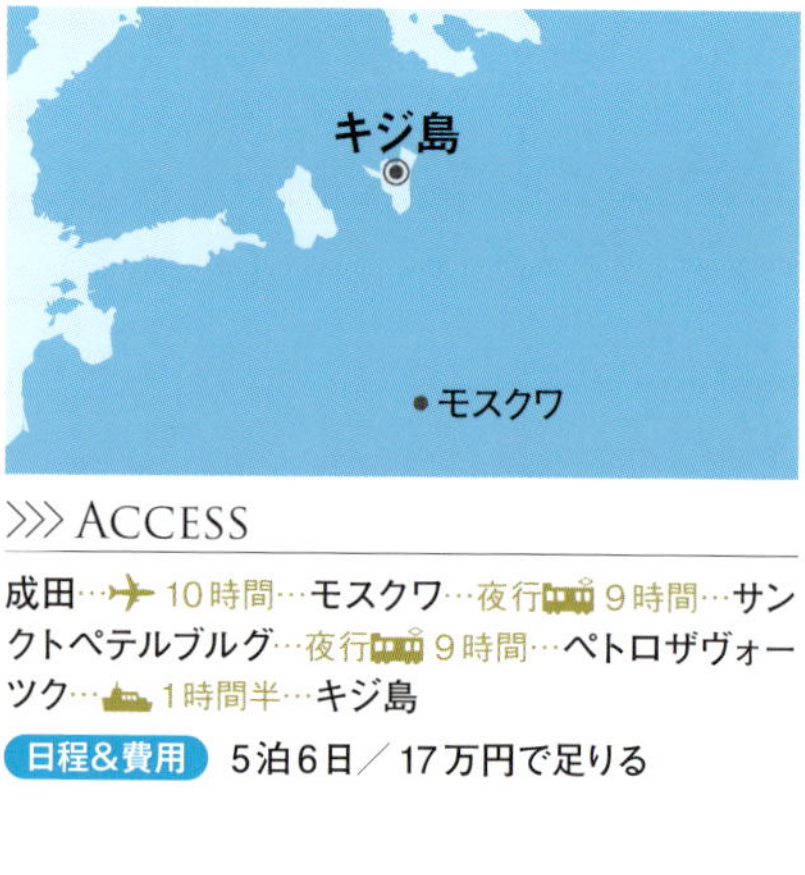

>>> ACCESS

成田…(飛行機)10時間…モスクワ…夜行(列車)9時間…サンクトペテルブルグ…夜行(列車)9時間…ペトロザヴォーツク…(船)1時間半…キジ島

日程&費用 5泊6日／17万円で足りる

湖に浮かぶ幻想的な島

ロシアといえば、首都モスクワの**赤の広場**にある**ポクロフスキー大聖堂**や、古都サンクトペテルブルグにある**血の上の救世主教会**に代表される、カラフルなタマネギ形の屋根を持つ超個性的な教会を思い浮かべる人も多いでしょう。対して、**キジ島に建つ木造教会は**、同じくタマネギ形の屋根をしていますが、ピエロチックで鮮やかなカラーリングは施され

ppl/Shutterstock

ていません。しかし、このシックな色調をした教会を目の当たりにすると、まるで白昼夢を見ているかのような錯覚に陥ります。

キジ島は、モスクワから1000kmほど北上した地点にある街、ペトロザヴォーツクのオネガ湖に浮かぶ小島です。キジという名前は、この地域の先住民の言葉で「祭祀の場」を意味し、ロシア人が入植する以前から、この島は先住民にとって神聖な場所でした。ロシア正教が浸透すると、ここに教会が建てられるようになったのです。

キジ島の名を一躍有名にしたのが、22のタマネギ形の屋根を持つ**プレオブラジエーンスカヤ教会**です。1714年に建

Data

遺跡名称：キジ島の木造教会
遺産種別：文化遺産
登録年：1990
登録基準：(i)(iv)(v)

島の自然と調和して、幻想的な風景をつくり上げているキジ島の木造教会群。高度な建築技術によって、釘は1本も使われていない。

Irina Borsuchenko/Shutterstock

立され、異名は「丸屋根の幻想」。並ぶようにして建てられた八角形の鐘楼、そして9つの**タマネギ屋根のポクロフスカヤ教会**とのアンサンブルはとても美しく、ロシア木造建築の最高傑作といわれているのも納得です。

豊富にある針葉樹を使って作られた教会群は、信じられないことに、釘が一切使われていません。複雑な木組みだけで、この造形を作り上げています。

水の都からの鉄道の旅

ペトロザヴォーツクは、フィンランドと接するロシア連邦カレリア共和国の首都ですが、**はっきり言って、キジ島以外に観るものはありません**。そこでワタクシは、同じ路線上にあるサンクトペテルブルグを満喫した後、夜行列車で9時間かけて移動することにしました。

Ilona5555/Shutterstock

かつての帝政ロシアの首都サンクトペテルブルグは「北のヴェネツィア」と称されるほど美しい水の都。歴史的建造物も多く、「**サンクト・ペテルブルグ歴史地区と関連建造物群**」として、キジ島や「**モスクワのクレムリンと赤の広場**」と同年に、ロシアで最初に世界遺産登録されています。

旅の友は気のいい兵隊さん

夜10時、サンクトペテルブルグのラドーガ駅を出て、ペトロザヴォーツクへと北上する**夜行列車は、かなり年季の入った質素な車両**。2人用コンパートメント

Ilona5555/Shutterstock

内部見学もできるポクロフスカヤ教会。

の同室は、私服姿の若い兵隊さんでした。体は大きいものの気の良い彼は、里帰りするところだと言って、身分証も見せてくれました。そして自分のアーミー

バッグを探り、サンドウィッチを取り出すと、食べませんかと差し出してきました。どこの国でも、田舎に行くほど人情味が増すようです。礼儀正しい兵隊さん

が9時間の旅の道連れで、なんだか心強くなりました。

列車は、針葉樹の林の中をひたすら走っていきます。何時間走っても針葉樹の

林。単調な景色ですが、世界一国土の広いロシアなら、それもまた一興。

夜行列車はトイレにご用心

新興国にはよくあるパターンですが、**この夜行列車も、トイレは垂れ流しスタイル**です。お世辞にも綺麗とは言えませんが、旅を重ねると、トイレがあるだけでありがたいと思えてくるものです。しかし困るのは、駅での停車中。基本的には、**停車駅が近づくと車掌がすべてのトイレをロックし、入れなくします**。停車中に垂れ流されたら、駅は大変なことになりますから。

特に朝方、自分が降りない駅に長時間停車していると、気が気ではありません。**駅のトイレを使おうにも、列車がいつ出発するかわかりません。列車が走っているうちに、無理にでも用を済ませておかないといけない**のです。慣れていない方や腸が弱い方は、この点を十分に注

Irina Afonskaya/Shutterstock

冬にはオネガ湖が凍るため、島に渡る船は出ない。ホーバークラフトでなら行くことができるらしいが……

左上：一見メタリックに見える教会の屋根は、ポプラの木片を組み合わせてできている。

左下：長い間の風雪に耐えて踏んばる風車小屋。

意してください。

幻想的なタマネギ屋根の教会に釣られて多くの観光客が訪れるキジ島ですが、ワタクシはここの写真を見ると、あの兵隊さんを思い出します。袖振り合うも多生の縁。今ごろどうしているのか知る由もありませんが、元気でいることを祈らずにはいられません。

採点表

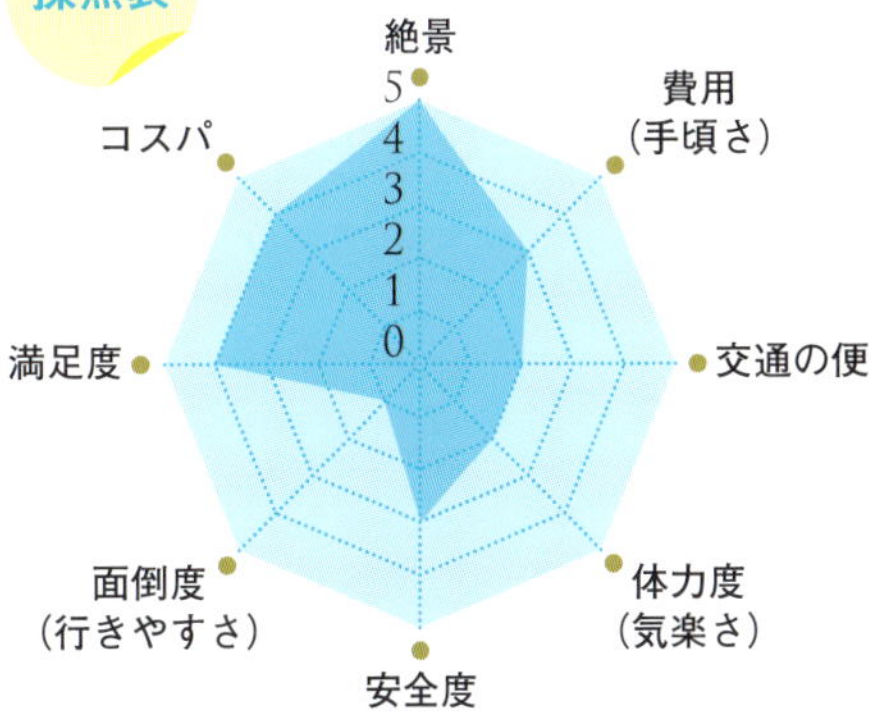

モスクワの赤の広場に立つポクロフスキー大聖堂（聖ワシリイ大聖堂）。ロシアでもっとも美しい聖堂といわれる。 vvoe/Shutterstock

mharzl/Shutterstock

Ilona5555/Shutterstock

旅のアドバイス

ペトロザヴォーツクには空港もあるので、トイレが心配な方は飛行機で行くこともできます。しかし、船旅も面白いかもしれません。キジ島のあるオネガ湖は、実はサンクトペテルブルグやモスクワと川や湖でつながっているのです。お金と時間に余裕があるなら、ぜひゆったりとしたクルーズツアーを。「**モスクワのクレムリンと赤の広場**」や「**サンクトペテルブルグ歴史地区と関連建造物群**」といったロシアを代表する世界遺産も網羅されています。

動物とふれあいに行ってはいけない

コモド島

PULAU KOMODO

インドネシア

オススメ度 ★★★★☆

恐竜と呼ばれる巨大トカゲ

世界最大・最強のトカゲとして知られる**コモドオオトカゲ**。その姿を目の当たりにしたら、とてもトカゲだなんて思えません。どう見たって恐竜です。やはり奴らには「**コモドドラゴン**」という呼び名がふさわしいでしょう。

「20世紀最大の発見のひとつ」といわれるコモドドラゴンの発見は1911年。不時着した飛行機のパイロットが偶

Ethan Daniels/Shutterstock

ACCESS

成田…✈8時間…バリ／デンパサール…✈90分…フローレス島…🚢4時間…コモド島

日程&費用 4泊5日／15万円あればOK

Data

遺跡名称：コモド国立公園
遺産種別：自然遺産
登　録　年：1991
登録基準：(vii)(x)

然発見しました。現在3000頭ほどしか確認されていない絶滅危惧種で、生息するのはコモド島とその近くの島のみ。海域を含む一帯が世界遺産（「**コモド国立公園**」）に登録されています。

体長3m、体重は100kgを超えると一般に紹介されますが、ワタクシの目にはもっとずっと大きく映りました。いちばん大きいもので4m近く、体重も200kgは軽く超えそうです。とにかく度肝を抜かれるほどデカいです。

激しい海流に阻まれて天敵が入ってくることのない島で、彼らは生態系の頂点に君臨しています。獰猛な肉食で、主に

世界遺産に登録されているコモド国立公園は、コモド島のほかリンチャ島、パダール島などの島々で構成される。

右上：拠点となるフローレス島は、インドネシアの秘島として人気の観光地。
Edmund Lowe Photography/Shutterstock

右下：毒を持つコモドドラゴンには決して近づいてはいけない。
Ethan Daniels/Shutterstock

左：サンゴ礁に囲まれたコモド島には、砂浜がピンクに染まるピンクサンドビーチもある。
Rafal Cichawa/Shutterstock

イノシシやシカ、水牛を捕食します。恐ろしい爪と獲物を食いちぎる強力な顎を持ち、木登りも泳ぎもできるうえ、毒も持っています。なにもそこまでフル装備する必要はないと思うのですが……。

ドラゴンの棲む島は案外近い

さて、そんなドラゴンの棲むコモド島は、どこにあると思いますか？ こんな恐ろしい生き物はどこか遠い国、アフリカ大陸の端っこ辺りに生息しているのだろうと思っていたのですが、**意外にも我ら日本人と同じくアジア国籍。人気リゾート地のバリ島から、そう遠くない場所にある**のです。拠点となるフローレス島にはコモド島ツアーを扱う旅行代理店がいくつもあり、難なく島に渡れます。

この日、ワタクシの他に客はなく、ガイドと船長の3人で出発。早朝5時に小型ボートで港を出て4時間後、ようやくコモド島に到着します。島の建物はすべ

て高床式で、どうやらドラゴン対策のようです。とうとう奴らの陣地に足を踏み入れたのです。

この島では旅行者の単独行動は禁じられていて、パークレンジャーと同行しなければなりません。簡単な手続きを済ませたら、大した説明もないまま、ひとりのレンジャーがあてがわれました。体重50kgにも満たないであろう小柄なレンジャー君は、20歳になったばかりだと言います。そんな彼が棒1本でワタクシを守ってくれるというのですが、どう見てもワタクシのほうが美味しそうです。心配になってレンジャー隊長に詰め寄ると、ワタクシにも棒を持たせてくれました。

Ekaterina V. Borisova/Shutterstock

命がけの散策コース

レンジャーハウスから1分も歩かないうちに、コモドドラゴンはいます。軒下に、木陰に、ウヨウヨいます。変温動物の彼らは、昼間は日陰でじっとしていますが、安易に近づいてはいけません。彼らはその気になれば、時速30㎞で走り出すこともできるのです。

ところが、レンジャー君は「動くドラゴンを見せてあげます」とばかりに奴らを棒で突き始めました。途端に暴れだしたドラゴンからできるだけ距離をとって、見晴らしのいい場所に避難。そしてゆっくりとカメラを構えるのですが、ファインダーをのぞく間にも後ろから襲われないかと気が気ではありません。

小さな丘を切り開いた散策コースに入ると、緊張感もピークです。柵も何もない遊歩道を小一時間も歩くのです。この島には大型のドラゴンが多く、3m級は

Tepikina Nastya/Shutterstock

上：これがリンチャ島の遊歩道。柵ひとつない草むらをコモドドラゴンに気をつけながら1時間進む。

下：毒を持つコモドドラゴンは、自分より体の大きな水牛を襲うこともできる。

kubais/Shutterstock

ザラ。それが1500頭も野放しでいるのです。**人生でこんなにも命の危険を感じたことはありません。**レンジャー君は後ろも振り向かずに進みますが、**数年に一度は人間が襲われ、死亡することもあるそうです。**

ツアーでは続いてリンチャ島に上陸、同じく柵なし遊歩道を散策します。ここにも1500頭ほどのコモドドラゴンがいて、比較的小柄ですが、その分よく動き回ります。無事にフローレス島に戻ったのは8時近く。何事もなくてよかった……心底そう思いました。

平和なビーチリゾートのガラパゴス諸島（P22）と違って、6000万年前から生き残るドラゴンたちが闊歩するこの島々こそが、実在する「ジュラシック・パーク」といえるでしょう。

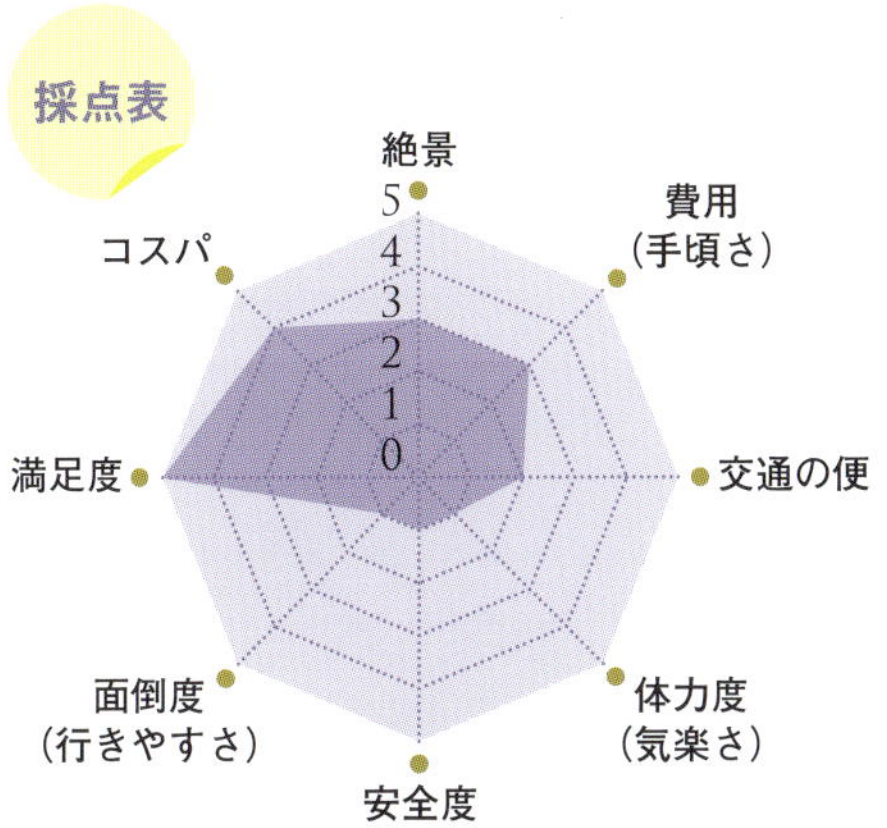

世界遺産「グヌン・ムル国立公園」にある世界最大級の洞窟、ディア・ケイブ。高さはなんと120ｍ！　数百万匹のコウモリの巣にもなっている。

claffra/Shutterstock

旅のアドバイス

コモドドラゴンに興味を持つ人には「**グヌン・ムル国立公園**」（マレーシア）もオススメ。全長170㎞にも及ぶものなど巨大・長大な洞窟の宝庫で、毒を持つ植物が生い茂るジャングル・トレッキングを体験できます。また、遭難しても不思議じゃないくらい広大な「**カナイマ国立公園**」（ベネズエラ）にあるジャングルの奥地では、世界一高い滝**エンジェルフォール**に出会えます。どちらも本当に危険な場所なので、ツアーガイドや注意事項に従って、くれぐれも無茶をしないようにしてください。

古代を感じに行ってはいけない

アクロポリス

ACROPOLIS

ギリシャ

オススメ度 ★★★☆☆

>>> ACCESS

成田…✈12時間…ドーハ…✈5時間…アテネ国際空港…🚆1時間…アクロポリス駅…🚶20分…アクロポリス

日程&費用 4泊5日／12万円あれば市内観光に十分

Anastasios71/Shutterstock

神話の世界の建造物

アニメ全盛期の現在は突拍子もない物語が次々と生みだされているせいか、すっかり影を潜めた感のある**ギリシャ神話**ですが、ひと昔前までは、哲学的で道徳的でありながら、おぞましく荒唐無稽な物語は、かなり異彩を放つ存在でした。そんなギリシャ神話の象

Anastasios71/Shutterstock

徴にも思える**パルテノン神殿**は、長い間、行きたかった場所のひとつです。

ギリシャの首都アテネのど真ん中、小高い丘に建っている遺跡がアクロポリスです。ギリシャ語で「高い丘の上の都市」を意味し、ギリシャ国内にはいくつものアクロポリスがありますが、最も有名なのがこの世界遺産です。

ヨーロッパ建築の最高傑作といわれるパルテノン神殿を中心にして、劇場や音楽堂などがあるこの地は、古代ギリシャ最大の都市国家でした。その歴史はとてつもなく古く、紀元

Data
遺跡名称：アテネのアクロポリス
遺産種別：文化遺産
登録年：1987
登録基準：(i)(ii)(iii)(iv)(vi)

アテネの街を見下ろすように丘の上に立つアクロポリス。

エレクティオン神殿の柱は見事な女性像だが……本物は丘の麓にある新アクロポリス博物館に展示されている。 Dimitrios/Shutterstock

前15世紀に城塞として誕生したのが始まりです。その後、破壊と復興を繰り返してきましたが、現在は5世紀ごろの姿に戻すべく修復工事が行なわれています。

終わらない修復工事

アテネのアクロポリスは、40年も前に始めた修復工事が、今も続いています。その美しい姿見たさに丘の上までやってきても、**工事の骨組みや重機のせいで、なかなか綺麗な記念写真を撮ることができない**という、知る人ぞ知る、観光客泣かせの物件なのです。

世界遺産は、重要な文化財や稀少価値の高い自然を保護するのが目的。ですから修復工事をしている世界遺産は少なくありませんが、そうは言っても、ちょいとばかし長すぎじゃありませんか？　驚くことに、**今も工事終了の日処が立っていない**そうです。この分

紀元前５世紀に建造されたといわれるパルテノン神殿。ユネスコのロゴマークにもなっている。 Scandphoto/Shutterstock

では、いつ完成するかわからないといわれているスペインの**サグラダ・ファミリア**に先を越されそうです。

まるでテーマパーク……

パルテノン神殿の困った点は、それだけではありません。紀元前438年の完成時からアテネを見下ろすように立ち続けているこの神殿は、ローマの**コロッセオ**と同様に数千年の時を超え、人類の英知を今に感じさせる特別な存在であると思っていたら、大間違い。

一歩ずつ近づくごとに、それまで抱いていた古代への憧れは薄れていきます。造形こそ忠実に再現されているようですが、真新しい建材を使っているのか、21世紀の素材で塗り固められているのか、

間近で見るとまったく古代感はなく興醒めするほどです。パルテノン神殿の横に

建つ**エレクティオン神殿**には、往時をしのばせる芸術的な女性像でできた柱が6本残っていますが、これもレプリカ。**想像もしていなかった現状を前にして、ハンパない失望感に襲われました。**

遠い昔、遥か大昔の建物です。何千年も雨風にさらされて、ボロボロになったら当然、修復しなければいけません。アテネのアクロポリスに限らず、いくつもの世界遺産が、お金と時間をかけて修復されてきました。しかし、なぜでしょう。ここだけが**新品感丸出しで、出来のいいテーマパークかと錯覚してしまいます。**修復工事をすることが悪いと言っているのではありません。できれば、**修復しても、古代ギリシャのイメージを壊さない程度の古代感を残しておいてほしかった**と思うのです。

パルテノン神殿をはじめ、この丘にあったオリ

斜面に建てられているヘロディス・アッティコス音楽堂。現在もコンサートなどに使用されているが、観光目的で立ち入ることはできない。

Ditty_about_summer/Shutterstock

ジナルの彫刻や工芸品の一部は、麓の**新アクロポリス博物館**で見ることができます。ワタクシは、丘の上にあるレプリカチックなパルテノン神殿を見るより、博物館で多くの展示品に囲まれているほうが、ずっと古代に思いを馳せることができました。古代のロマンを感じたいと思っている人は、この点を心して行ってください。

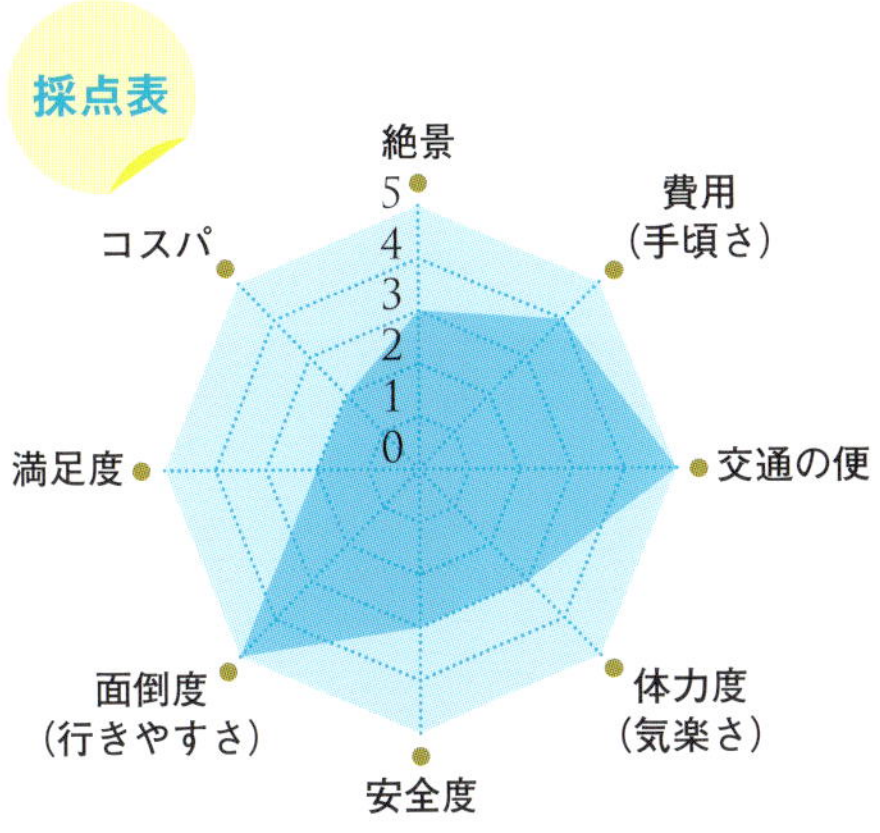

旅のアドバイス

パルテノン神殿に失望した人は、ヨルダンの「**ペトラ**」に行きましょう。ここは交易の要衝として2000年ほど前に栄えた有力都市。ピンクの岩壁にはさまれた狭い道をクネクネと進むだけでも、遺跡探検気分が高揚します。何の前触れもなく目の前に現れる**エル・カズネ**（宝物殿）には、誰でも息を呑むはずです。これぞ古代遺跡、これぞ世界遺産！　非の打ちどころがありません。世界一高額とも言われる入場料（1日券8500円！）ですが、きっと満足できるでしょう。

robert paul van beets/Shutterstock

Nickolay Vinokurov/Shutterstock

世界遺産「ペトラ」の遺跡へと続く岩壁は、時にはベージュ、時には薔薇色にも染まる。その先で待ち構えるのが、かのエル・カズネ。

軽い気持ちで行ってはいけない

マチュピチュ

MACHU PICCHU

ペルー

オススメ度 ★★★★☆

破壊を逃れたインカの遺跡

世界遺産好きなら絶対にはずせない国が南米ペルー。なぜなら、横綱級の世界遺産を2つも持っているからです。マチュピチュと**ナスカの地上絵**（**「ナスカとフマナ平原の地上絵」**→P60）は、世界遺産に関心のない人にも知られている超有名観光地。ペルーを巡るパッケージツアーでは、この2つは必ずといっていいほどセットになっています。

これに世界最大の滝として有名な**イグアスの滝**（**「イグアス国立公園」**ブラジル／アルゼンチン）を合わせた3物件が、南米を代表する世界遺産と言えるでしょう。マチュピチュとイグアスの間には**ウユニ塩湖**という有名な観光地もありますが、こちらは現時点で世界遺産にはなっていません。

15世紀にアメリカ大陸の侵攻を始めたスペイン人は、1530年代に**インカ帝国**の首都クスコを制圧した後、インカの建築物を徹底的に破壊しました。しかし、マチュピチュだけは、険しい山の上にあるために見つかることなく、唯一完全な形で残るインカの遺跡となりました。

Data

遺跡名称：マチュ・ピチュの歴史保護区
遺産種別：複合遺産
登録年：1983
登録基準：(i)(iii)(vii)(ix)

ACCESS

成田…✈13時間…メキシコ…✈6時間…ペルー／リマ…✈1時間半…クスコ…TAXI 20分…ポロイ駅…🚃3時間…マチュピチュ駅…BUS 30分…遺跡入口

日程&費用 6泊8日／30万円は必要

いまだ多くの謎に包まれているインカの天空都市、マチュピチュ。「老いた峰」を意味するインカの言語に由来する。

Jarno Gonzalez Zarraonandia/Shutterstock

遺跡内には採石場（石切り場）があり、必要な石はここで切り出され加工されていたと思われる。

1911年に歴史学者のハイラム・ビンガムによって発見されたこの遺跡は、1983年にペルーで最初の世界遺産に登録されました。急な傾斜地に緻密に造られた石組みの神殿、宮殿、住居、段々畑などからは、高度な文明の跡が見てとれます。15世紀、インカ帝国の皇帝が太陽を観測し、暦を作り、祈りを捧げる場であったと考えられていますが、いまだ謎に包まれている部分も多く、調査が続けられています。

とにかく遠い天空の都市

アンデス山脈に、人目をはばかるようにひっそりと存在する天空都市、マチュピチュ。人気の世界遺産の中でも1、2を争うほどの僻地ですが、世界中から大勢の観光客がやってきます。日本から行く場合は、飛行機、タクシー、列車、バスなどをフル活用して、たどり着くまで片道3日はかかります。

上：約13㎢の遺跡内には、石の建物が約200戸ある。
下：儀式に使われていたとされるコンドルの顔の形をした石。

まずは国際線と国内線を乗り継ぎ、マチュピチュから110km離れたクスコ空港に降り立ちます（標高3400mの高地にあるこの街も、世界遺産登録されているだけあって、見所がかなりあるので素通りしてはいけません）。

翌朝、近くのポロイ駅から出発する列車に乗り、3時間でマチュピチュ駅に到着。さすがにメジャーな観光地だけあって、山深い場所ですが、宿泊や食事、ショッピングにも困りません。

そこから、つづら折りの山道をバスに揺られて30分ほど走ると、ようやくマチュピチュ遺跡の入り口です。

神に守られた特別な場所

着いてからも楽ではありません。遺跡の大部分は斜面になっているうえ、ここは標高2400m。酸素も平地の

約75%と薄いので、思った以上に体に負担がかかります。息を切らして急な階段を登った先にある「見張り小屋」が、遺跡の全景を見渡せるベスト・ビューポイント。漂う雲の中から徐々に姿を現す光景には、誰もが感嘆させられるはず。破壊からまぬがれた奇跡の遺跡を実際に目にすると、神に守られた特別な場所に思えてきます。

正直なところ、「見張り小屋」に来るだけでかなり疲れましたが、ここでジッとしていても仕方がありません。**遺跡をくまなくまわると、軽く2時間はかかる**でしょうか。体力を振り絞ってまわったら、**疲れのあまりに思考力も働かなくな**

インカ文明は高度な石の加工技術と石積み技術を持っていた。石を彫り込んで作った水路も興味深い。

り、出口に向かう階段で迷って3往復もする羽目になりました。

　マチュピチュは、強行軍ならクスコから日帰りでも行けますが、それではもったいなさすぎます。というより、体力的にキツすぎます。できればマチュピチュ村で1泊して、温泉に入ったり、インカマッサージを受けたりしましょう。**加齢のせいか体重のせいか、観光で歩き回ると体の節々が痛む**ワタクシは、世界各地でマッサージを受けていますが、その中でも特に気に入ったのが、温かい石を背中に押し当てるインカマッサージです。高地なので、ジンと熱の伝わる石が心地いいのです。

　また、マチュピチュ村行きの列車はグレード別に数タイプありますが、できれば「**ビスタ・ドーム**」に乗ってください。車両上部がガラス張りになっているので、風光明媚なウルバンバ渓谷の美しさを楽しめます。

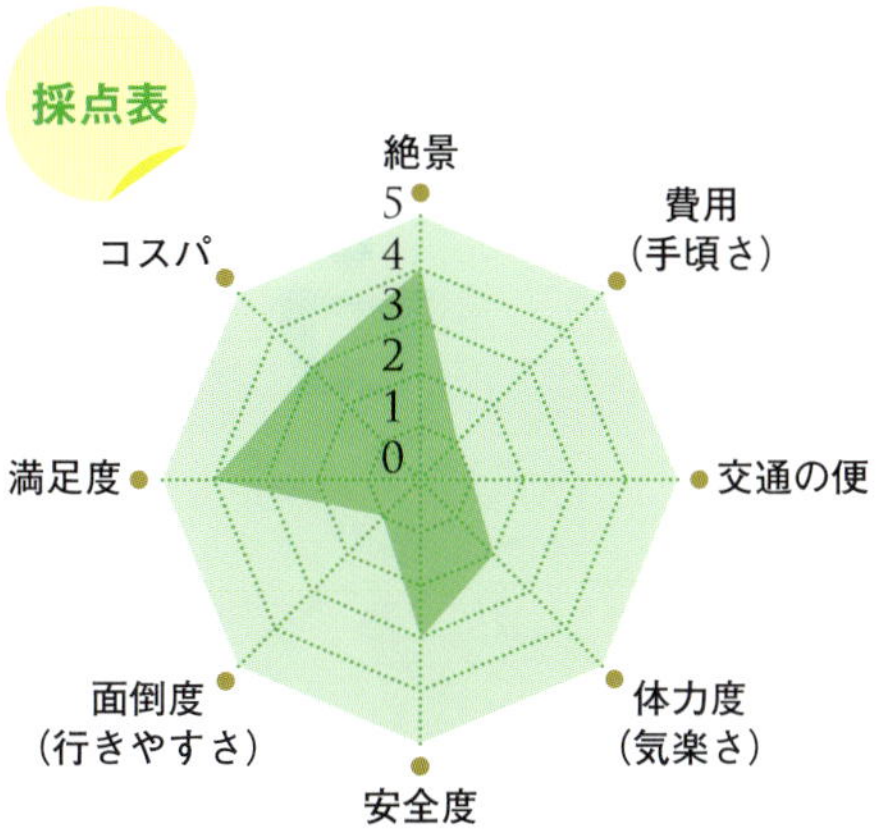

ブラジル側の「イグアス国立公園」から見たイグアスの滝。奥にあるのが最大の滝、悪魔の喉笛。

旅のアドバイス

はるばる南米ペルーまで行くのなら、マチュピチュだけ見て帰る人は恐らくいないでしょう。同じペルーの「**ナスカとフマナ平原の地上絵**」も効率的に行けますが、いっそ一足伸ばして「**イグアス国立公園**」まで行くのも手です。国境になっている**イグアスの滝**を挟んでアルゼンチン側とブラジル側の同名の公園がそれぞれ世界遺産に登録されています。とはいえ橋を渡って移動できるので、両国側から世界最大水量を誇る滝の迫力を感じましょう。まったく違った感想を持つはずです。

見応えを求めて行ってはいけない

ラ・ロンハ・デ・ラ・セダ

LA LONJA DE LA SEDA

スペイン

オススメ度 ★☆☆☆☆

>>> ACCESS

成田…✈11時間…ドバイ…✈7時間…マドリード…BUS 2時間…バレンシア…🚶20分…ラ・ロンハ・デ・ラ・セダ

日程&費用 4泊5日／14万円でももったいない

歴史あるゴシック建造物

バレンシアは、地中海貿易で栄えた商業都市です。15～16世紀、黄金期を迎えたこの街に、さらなる富をもたらしたのが絹産業でした。1482～1533年に建てられた「ラ・ロンハ・デ・ラ・セダ（**絹の商品取引所**）」は、実用的でありながらも優美な様式で、当時のバレンシアの強い経済力を窺い知ることのできる歴史的建造物です。

Iakov Filimonov/Shutterstock

内部は主に「柱のサロン」「塔」「海の領事の広間」「オレンジの木の中庭」という4つの部分から成り立っています。玄関を入ると目の前に広がる部屋が「柱のサロン」。出入口は繊細な装飾で縁どられ、床には大理石が敷かれたその部屋で最も目を引くのは、螺旋状にねじれている特徴的な柱です。なかなか印象的なサロンですが、1室だけなので、一瞬で見渡せます。

すぐ脇にある「オレンジの木の中庭」や中庭から見上げる「塔」は大して見応えもなく、天井が特徴的な「海の領事の広間」もすぐに見終わります。他の見学者たちに続いて列を進んでいくと、そのまま建物を出てしまいました。

Data
遺跡名称：バレンシアのラ・ロンハ・デ・ラ・セダ
遺産種別：文化遺産
登 録 年：1996
登録基準：(i)(iv)

歴史的に大きな意義を持ち、西洋の商業の伝統とされるラ・ロンハ・デ・ラ・セダ。「ロンハ」とは商品取引所の意。

上：「柱のサロン」。螺旋状にデザインされた柱によって見栄えのする空間になっている。
pio3/Shutterstock

右下：外観は、ヨーロッパの街中でよく見かけるゴシック様式の銀行といった趣き。この程度の建物なら、地方都市の豪商屋敷でもよくある。世界遺産は決して見た目ではない。
sigurcamp/Shutterstock

左下：外観は多くのガーゴイル（空想上の怪物をかたどった彫刻）で装飾されている。グロテスクというより意外とかわいい。
Pabkov/Shutterstock

「……え！」

確かに、入場料はたったの2ユーロでしたが、それにしても、**あまりにもあっけなく見終わりました。せっかちな人なら5分で足りるでしょう。**

世界一の見応えのなさ!?

マドリード、バルセロナに次ぐ、スペイン第三の都市バレンシアは、オレンジの産地として世界的に有名で、パエリア発祥の地でもあります。交通の便が良く、他の主要都市とは特急列車や高速バスなどで結ばれています。特急列車の所要時間は、バルセロナからだとおよそ3時間、マドリードからだとおよそ2時間。また、空の玄関であるバレンシア空港は、国内線だけでなく近隣国の主要都市からも行き来できるため、かなり行きやすい場所であることは間違いありません。

Iakov Filimonov/Shutterstock

しかし、**たとえ交通の便が良くても、本場のパエリアにありつけるとしても、バレンシアにある唯一の世界遺産だとしても、ラ・ロンハ・デ・ラ・セダには簡単に手を出してはいけません。**

世界遺産≠魅力的な観光地

はっきり記しておきたいのですが、**世界遺産に登録されたものであっても、必ずしもそこが感動を得られる場所とは限りません。**そりゃそうです。もともと世界遺産は、感動的な場所が選ばれているわけではなく、もっと高尚な意義を持っているのです。**観光地としては魅力に乏しい物件があっても、何も不思議ではありません。**ラ・ロンハ・デ・ラ・セダに

右：バレンシアの火祭りの期間中は、街中に300体以上もファリャが飾られる。 Mariontxa/Shutterstock
左：祭りの最終日には、すべてのファリャが盛大に燃やされる。ちなみに、大きなものは数千万円もするらしい！ LUISMARTIN/Shutterstock

ついていえば、敷地も狭いうえに、期待に添うだけの見応えというものもほとんど感じられない、というのが一般的な意見でしょう。

実はワタクシも、当初から危険な香りを感じてはいたのです。そもそも、**「絹の商品取引所」って名称が、観光意欲をまったく掻きたてません**（実際、その危惧は正しかったのです）。

名称だけで〝ハラハラ〟させてくれる要注意物件は他にもあります。スウェーデンの「**グリメトン・ラジオ無線局、ヴァールベリ**」、「**キューバ南東部のコーヒー農園発祥地の景観**」、ベルギーの「**プランタン・モレトゥスの家屋・工房・博物館複合体**」などなど。行くべきか、行かざるべきか。悩ましい世界遺産たちです。

行くなら「火祭り」を狙うべし

観光地としてのバレンシアは、バルセ

ロナやマドリードなどと比べると数段見劣りします。そんなバレンシアを唯一楽しめるのが、毎年3月15日～19日に行われる**火祭り**の時期でしょう。

春の訪れを告げるこの伝統的な祭りは、労働者の守護聖人ヨセフの日を祝うスペイン3大祭りのひとつでもあります。広場や通りに「ファリャ」と呼ばれる巨大なハリボテ人形が飾られ、最終日の夜、そこに火が放たれます。大きなファリャが勢いよく燃え上がり、街中が観客たちの大喝采に包まれます。

この期間には、闘牛シーズンも始まります。**スペインといえば闘牛を連想する方もいるでしょうが、実は年中見られるものではありません**（バレンシアの火祭りから、10月のサラゴサのピラール祭りまで）。悪いことは言いません。**ラ・ロンハ・デ・ラ・セダを訪ねるなら、火祭りの期間にしてください。**祭りが心のキズを癒してくれます。

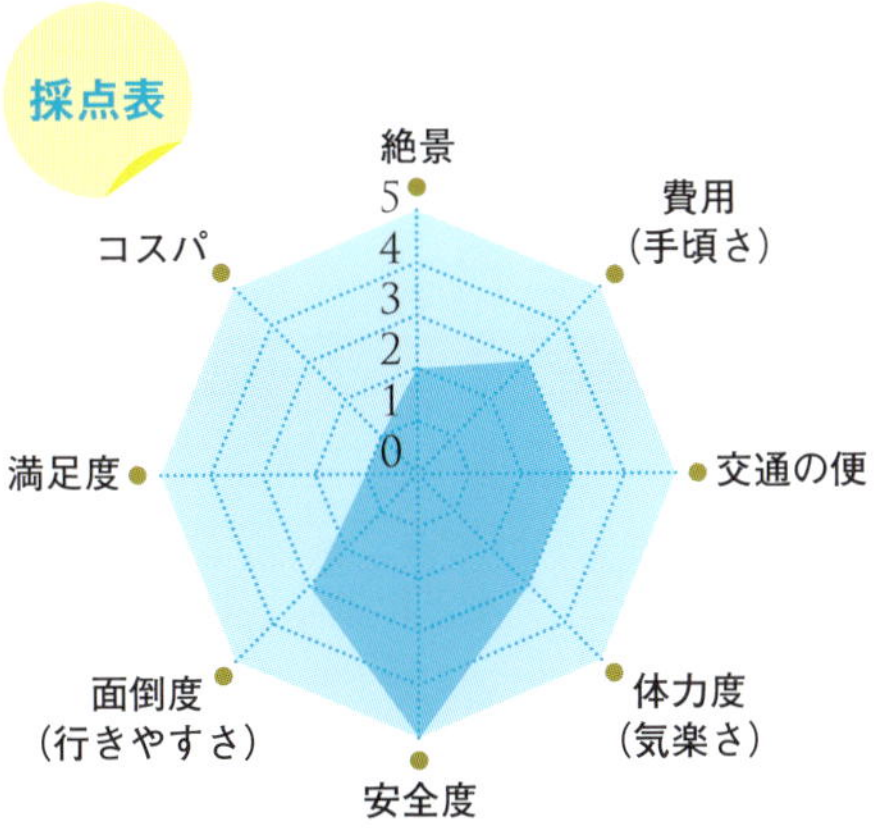

「スペインに1日しかいられないなら、迷わずトレドへ行け」といわれるほど、人々を魅了してきた「古都トレド」。その言葉に偽りなし。

NaughtyNut/Shutterstock

旅のアドバイス

火祭りのない時期にラ・ロンハ・デ・ラ・セダを訪れるくらいなら、「**古都トレド**」で一日を過ごすことを100万倍オススメします。中世にタイムスリップしたような感覚に見舞われる城塞都市で、川に囲まれて馬蹄形をした街の全景を見渡せば、「よくぞ、この光景を残してくれた」とスペイン人に感謝したくなります。レストラン、宿泊施設、観光案内所などもバッチリ整備していながら、中世ヨーロッパの雰囲気を壊さない手腕は、多くの観光地がお手本にすべきでしょう。

COLUMN

3

世界遺産〝級〟の、世界の名所

飛行機恐怖症だったワタクシが海外旅行を楽しめるようになったのは、〝初老〟四十路を越えてからでした。時間と体力を持て余している若者と違って無駄足を踏むわけにはいかないため、旅先選びは慎重になります。

考え抜いた末に、「世界一」「冒険」「世界遺産」をテーマに旅することにしました。世界一を制すれば、二番手以下は推して知れます。快適な東京の生活を離れて冒険気分を味わえば、すっかり平和ボケした脳も活性化できそうです。ユネスコが人類の宝と認めた世界遺産を訪ねれば、人類の偉業や貴重な自然がどういうものか学ぶことができます。

そんなわけで、世界遺産でない世界の名所・絶景にも数多く足を運んでいます。今はまだ世界遺産リストには載っていませんが、決して引けを取らない5物件を、ここで紹介します。

死海

ヨルダンとイスラエルの国境をまたぐ世界一有名な塩湖にして、海抜マイナス約４２０ｍという世界一低い場所。塩分濃度は海水の10倍にもなり、どんな人でも簡単に浮くことができます。

ChameleonsEye/Shutterstock

ヨルダン側にもイスラエル側にもホテルやビーチがあり観光整備が進んでいる反面、急速な湖面低下で２０５０年までに完全に干上がるとの説も。紅海から１８０kmのパイプラインを敷設して海水を引き込む計画もあるようですが、観光客が期待する死海の魅力は近い将来に失われる可能性が大きくなっています。行くならお早めに。

マンハッタン

東京に限らず世界各地の大都会は、どこもかしこも似通った表情で魅力に欠けますが、マンハッタンは違います。

mandritoiu/Shutterstock

19世紀後半から世界の経済や文化の中心であったニューヨークは、20世紀に入ると高層ビルの建築ラッシュが始まり、世界初の高層ビル群による美しい景観が作り出されました。近年ではアジアや中東でも高層ビルが乱立していますが、ここまで壮観で調和のとれた街並みは見ることはできません。

眠らない街、人種のるつぼ、ビッグアップル、ゴッサム……ニューヨークの呼び名は数々ありますが、やはり「摩天楼」がいちばんしっくりきます。

ペトロナスツインタワー

マレーシアの首都クアラルンプールにある世界有数の超高層ビルであり、ツインタワーとしては今でも世界一を誇ります。高さを競い合う多くの超高層ビルが画一的な平面デザインに落ち着くなか、単調さを感じさせないイスラム建築独特の八角形でデザインされた重厚な外観は異彩を放つ存在です。

Noppasin/Shutterstock

夜空にそびえ立つシンメトリーのツインビルは「世界で最もドラマティックな高層ビル」ではないでしょうか。

ルルド

Semmick Photo/Shutterstock

フランス南西部、スペインとの国境になっているピレネー山脈の麓にある小さな街。19世紀半ば、ここに暮らすひとりの少女の前に聖母マリアが18回も現れたとされ、今ではカトリック最大の巡礼地となっています。

「無原罪の御宿り大聖堂」のすぐ脇からは泉が湧き出ていて、この水によって不治の病が治癒したという奇跡が後を絶ちません。世界中からやってきた人々が熱心に祈りを捧げているこの町の空気はどこか違い、ここが聖域だと感じることができます。

クリスタルの洞窟

目を疑うとは、まさにこのことです。人間よりも遥かに大きなクリスタルの柱が洞窟内を縦横無尽に貫いている様は、ＣＧ作品か、映画のセットにしか思えません。メキシコの北西部にあるナイカ鉱山の地下３００ｍという特殊な環境下、数十万年という時間をかけて巨大なセレナイト（透明な石膏の結晶）ができたらしいのですが、そんな説明ではおいそれと信じられません。

高温多湿で危険なために特別な防具なしでは居続けられず、一般には開放されていないのですが、実際にこの目で確かめない限り疑惑の拭えないトンデモナイ場所であります。

Alexander Van Driessche/Wikimedia Commons

おしゃれなハイヒールで行ってはいけない

パリ・セーヌ河岸

PARIS, BANKS OF THE SEINE

フランス

オススメ度 ★★★☆☆

>>> ACCESS

成田…✈12時間半…パリ／シャルル・ド・ゴール…BUS 1時間…パリ市内

日程&費用 3泊4日／15万円あれば何とか

世界一の観光大国

今も昔も、海外旅行の行き先でいちばん人気なのは、フランスです。ワイン、フランス料理、香水、高級ブランド……イメージを上手に売ることに長けているフランスは、そのテクニックを駆使して、世界で最も観光客を集めることに成功しています。

人口6600万人のフランスには、それを上回る年間8500万人の観光客が

Vytautas Kielaitis/Shutterstock

世界中が憧れる花の都・パリ。ノートルダム大聖堂やエッフェル塔など20を超える観光名所が世界遺産に登録されている。

Captblack76/Shutterstock

Data
遺跡名称：パリのセーヌ河岸
遺産種別：文化遺産
登録年：1991
登録基準：(i)(ii)(iv)

やってきます。アメリカでも、イタリアでも、イギリスでもなく、世界中の人々はフランスに行きたいのです。最近では日本も観光立国を目指し、本格的な観光客誘致を推し進めていますが、日本に来る外国人観光客はようやく1300万人を超えた程度。フランスの足元にも及びません。恐るべしフランス、なのです。

そんなフランスの首都は、言わずと知れた花の都パリ。意外と知らない人が多いようですが、**パリ中心部にある多くの**

パリの美しい景観は、数々の規制によって守られている。

観光スポットが「パリのセーヌ河岸」として世界遺産に登録されています。セーヌ河の右岸にあるルーブル美術館やコンコルド広場、左岸にあるエッフェル塔、アンヴァリッド、シテ島にあるノートルダム大聖堂など20を超える登録物件を**構成資産**として、ひとつの世界遺産になっています。

観光客泣かせの石畳

歴史ある美しい石造りの建物が多いパリには、石畳の道もたくさんあります。テレビや雑誌で見る分には、洒落た雰囲気を演出してくれている石畳ですが、実はこれがクセモノ。観光バスからの車窓見学でパリを駆け巡るのなら問題はありませんが、歩いて観光するならパリの石畳は、やっかいです。あちこちに張り巡らされた石畳の道が、あなたの観光意欲を削ぐことでしょう。

もともと馬車向けに作られた石畳はデコボコが激しいうえ、言うまでもなくとても硬いので、長時間の歩行には向いていません。観光スポットはパリ市内だけでもたくさんあるというのに、石畳の道路に阻まれ、思うように観光は捗りません。

石畳が多いパリは、歩いて観光するにはかなり疲れる。名所は多いが、足が痛くて満足に見学できない可能性も。 Klau/Shutterstock

これまで世界中を旅してきましたが、**観光途中に歩けないほど足が痛くなり、**

セーヌ川の中洲にあるシテ島（写真左）が、パリ発祥の地。遊覧船を利用して、川から河岸を楽しむこともできる。

Kiev.Victor/Shutterstock

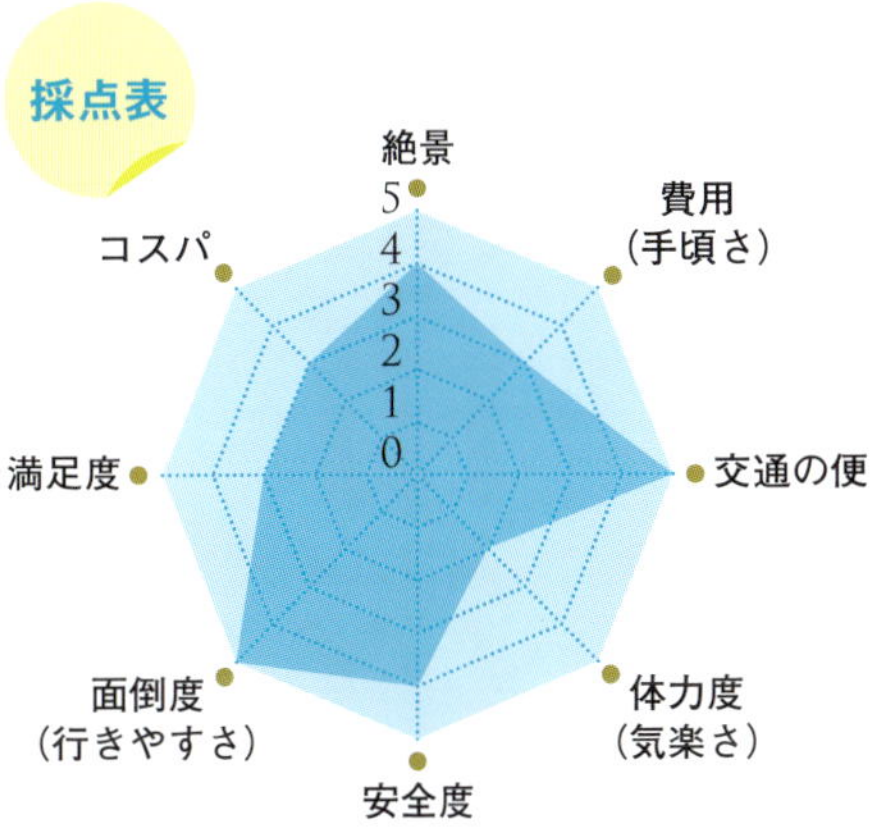

3時間ごとにホテルに帰っては疲労回復のための昼寝が必要になったのは、パリだけです。ローマ、バルセロナ、ロンドンと比べても、パリが最も観光に難儀させられたように思えます。パリに来たなら、おしゃれなハイヒールで颯爽とキメたくなるかもしれませんが、石畳ではやめておいたほうが身のためです。どうぞ歩きやすい靴をお忘れなく。

旅のアドバイス

39もあるフランスの世界遺産からひとつオススメするならば、南フランスにある「**ポン・デュ・ガール（ローマの水道橋）**」。この巨大な建造物は今から2000年前、近郊の街ニームへ50㎞先の水源から水を引き込むために作られた水道橋です。これを見れば、土木事業の規模といい、水を扱う知恵といい、三層のアーチ型をした美しい姿といい、古代ローマ人はこんなにも優れていたのかと軽くショックすら受けてしまいます。

世界遺産の橋「ポン・デュ・ガール」。夏には橋の下を流れる川でカヌーや水泳が楽しめる。

人の助けなしで行ってはいけない

テトゥアン旧市街

MEDINA OF TETOUAN

モロッコ

西洋とアラブが融合した街

アフリカ大陸の西北端の国、モロッコ。場所こそアフリカ大陸にありますが、そこは完全にアラブです。

テトゥアン旧市街は、モロッコ北端に位置する街。ヨーロッパ大陸の南端に位置するスペインの街アルヘシラスから日帰りツアーが出ているほどヨーロッパに近く、スペイン観光のついでに行ける場所です。

Philip Lange/Shutterstock

オススメ度 ★★★☆☆

>>> ACCESS

成田…✈11時間…ドバイ…✈7時間…マドリード…長距離BUS 8時間…アルヘシラス…船 1時間…セウタ港…BUS 20分…イミグレーション（手続きに2時間!?）…TAXI 1時間…テトゥアン

日程&費用 5泊6日／おおよそ17万円程度

古くからモロッコとスペインをつなぐ拠点として栄えていたテトゥアンは、14世紀末にスペイン軍の攻撃によって破壊されます。その後、グラナダ（スペイン）を追われたイスラム教徒とユダヤ教徒が、この地を城塞都市として再建して、現在の原形ができました。イスラム都市の特徴のひとつでもある迷宮のような街並みは、スペイン南部のアンダルシアを思い起こさせる白一色で統一されています。スペインとアラブの文化が融合してできた美しい白亜の迷宮都市は、1997年に世界遺産となりました。

ワタクシは、**ジブラルタル海峡**の大き

Data

遺跡名称：テトゥアン旧市街（旧名ティタウィン）
遺産種別：文化遺産
登録年：1997
登録基準：(ii)(iv)(v)

城塞都市として発展したテトゥアン。白壁の家々が迷路のように密集した旧市街が、世界遺産に登録されている。

観光客に慣れているらしく、道行く人はみなフレンドリー。

Boris Stroujko/Shutterstock

さを肌で感じたくて、アルヘシラスから1時間の船旅で、アフリカ大陸のセウタ（スペイン領）に上陸しました。地図で見るよりも、ヨーロッパ大陸とアフリカ大陸はずっと近いのです。

その後、**ろくに英語が通じないイミグレーション（入国管理）に振り回されながら、2時間後ようやくモロッコに入国**すると、またも英語の通じない乗り合いタクシーを四苦八苦しながら乗り継いで、なんとかテトゥアンの城壁前まで来ることができました。**上陸してから60km移動するのに4時間もかかるとは**、先が思いやられます。

喧騒、迷宮、英語は通じない

添乗員と一緒に観光する至れり尽くせりのパッケージツアーでない場合、その土地の地図は必需品です。ワタクシの場合、多くが自分の行きたい所だけをまわ

スペイン南部アンダルシア地方を思わせる白い家々。白い壁は強い太陽の陽射しを遮る働きがあるという。

Boris Stroujko/Shutterstock

るひとり旅スタイルなので、初めての土地に降り立って瞬時に地図を理解する能力は、人並み以上にあると自負しています。これまでに海外で泊まったホテルは1000軒を優に超えるでしょう。どんな僻地でも、道の入りくんだ街でも、地図を頼りにすべてのホテルにたどり着くことができました。**唯一たどり着けなかったのが、ここテトゥアン旧市街にあるホテル**です。

旧市街は城壁で囲まれていて、出入りは門からしかできません。ほかのイスラム都市同様、城壁内は外敵の侵入を防ぐ目的で、迷路のように造られています。道は細く、先が見通せないように曲がりくねっているので、北向きに歩いているつもりでも、いつの間にか南に進んでいたり

Eduardo Lopez/Shutterstock

します。ほとんどの路地は狭く、空も小さいので、見上げても目印となるものは見つけられません。城壁の中にはたくさんの人が暮らしていますが、やはり英語が通じず、ホテル名を告げても、首を傾げられるだけで、ほとほと途方に暮れました。

さまよい続けること2時間以上。ようやく英語がわかる住人に出会い、ホテルまで連れていってもらいました。自力では決してたどり着けなかったそのホテルは、方向的にはまったく見当違いの場所でした。悲しいかな、**ここは観光地となった今でも、迷宮として十分に機能しています。**モロッコにある9つの世界遺産のうち、半数が迷路系です。テトゥアンは比較的歩きやすいとされていますが、それでもこの有様です。

翌朝、城壁内を散策すれば、大通りでは露店がひしめきあい、八百屋や魚屋は大にぎわい。小綺麗な制服を着た小学生

城壁内では自動車を見かけるのも稀。
観光地化が進んでいない昔ながらの暮らしや町並みが旧市街の魅力。

Boris Stroujko/Shutterstock

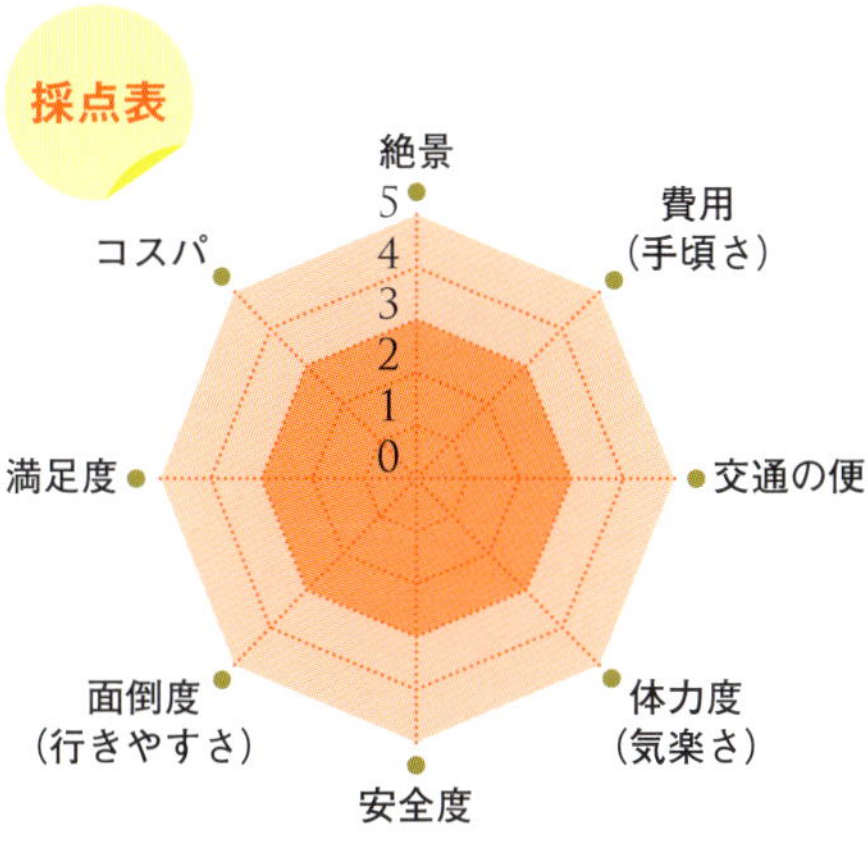

や、クッションほどもあるパンを焼く職人が、明るく挨拶をしてくれます。どこからともなく聞こえてくる祈り声はとても心地よく、モロッコの田舎町はかなり好印象。綺麗な青空の下、人々の和やかな暮らしぶりを垣間見ることができる街ではありますが、よそ者には迷宮という試練が待ち受けているのです。

右：世界一複雑といわれる迷宮都市がここ、世界遺産「フェス旧市街」。 cdrin/Shutterstock

左上：モロッコでもっとも美しいミナレット（塔）が目を引く「マラケシュ旧市街」。

posztos/Shutterstock

左下：同じくモロッコの世界遺産「エッサウィラのメディナ（旧市街）」。海沿いにあり、芸術家が多く暮らす。

Philip Lange/Shutterstock

旅のアドバイス

モロッコでは他に「**フェス旧市街**」「**マラケシュ旧市街**」などが世界遺産になっています。世界遺産リストにおける「旧市街」とは、城壁などで区切られた古い街並みが残る一帯を指している場合が多いようで、ヨーロッパを中心に30か所以上が登録されています。なかでも「**エルサレム旧市街とその城壁群**」は、やはり特別です。ユダヤ教、キリスト教、イスラム教の聖地となっているこの地では、熱心に祈りを捧げる無数の信者の姿に強く胸を打たれます。多くの人が、宗教とは何か、信仰とは何かを考えさせられるのではないでしょうか。

あの絶景を目当てに行ってはいけない

パムッカレ

PAMUKKALE

トルコ

オススメ度 ★★★☆☆

人気物件が集まるトルコ

親日国として知られているトルコは、そのせいか日本人観光客も多いようです。トルコの世界遺産といえば、**ブルーモスク**や**アヤソフィア**といった歴史的な宗教施設に代表される「**イスタンブール歴史地域**」、奇岩で

Lilyana Vynogradova/Shutterstock

>>> ACCESS

成田…✈12時間半…イスタンブール…筆者はバスツアーに参加

日程&費用 10泊12万円程度のツアーが便利

知られる「**ギョレメ国立公園とカッパドキアの岩窟群**」、そして「**ヒエラポリス・パムッカレ**」が人気でしょう。

ブルーモスク（スルタンアフメト・モスク）と、向かい合って立つピンク色の建物はアヤソフィア博物館。

Data

遺跡名称：ヒエラポリス・パムッカレ
遺産種別：複合遺産
登録年：1988
登録基準：(iii)(iv)(vii)

ターコイズブルーの水を湛えた石灰棚が絶景として有名なパムッカレ。しかし、現状は少々違っている（P119の写真参照）。

カッパドキア観光では気球ツアーも人気。奇岩に負けない存在感。

イスタンブールは、ローマ帝国時代からオスマントルコ時代まで、およそ1600年もの間、呼び名が変わろうとも超大国の首都であり続けた都市です。各時代に作られた立派な建造物の数々が街のど真ん中にあるので、観光にはうってつけです。

またギョレメ公園とカッパドキアも、奇妙奇天烈な形をした岩石やキノコ形の岩柱、迫害を逃れてきた人々が隠れ住んだ広大な地下都市など見所が多く退屈しません。

問題なのは、ヒエラポリス‐パムッカレです。ローマ帝国の温泉保養地として栄えた一帯が世界遺産で、円形劇場や大浴場、共同墓地などが残るヒエラポリス遺跡と、パムッカレと呼ばれる無数の石灰棚からなっています。厳密には、ヒエラポリス遺跡には何の文句もありません。しかし、パムッカレには多くの人が落胆させられることでしょう。

ギョレメ国立公園にある地下都市。敵の侵入を防ぐために蟻の巣のような迷路の街に、数万もの住人が暮らしていた。

写真と違いすぎる！

パムッカレとは、トルコ語で「綿の城」という意味です。温泉水に含まれる石灰分が結晶化して、純白の棚田のような、世にも美しい石灰棚が作り出されまし

た。幾重にも連なる石灰棚は白く輝き、目の覚めるようなターコイズブルーの水溜りが映えるファンシーな景観が、パムッカレの自慢です。少なくとも、ガイドブックやテレビではそうもてはやされています。

奇跡の石灰棚をひとめ見ようという観光客で溢れかえっているパムッカレですが、実際には、**ほとんどの石灰棚は空っぽで、ターコイズブルーの澄んだ水は入っていません。**温泉水を滔々とたたえた夢心地の美しい水溜りは、どうやらひと昔前の光景らしく、**数年前からパムッカレは渇水気味**なのです。遠目には白く輝いて見える石灰の丘も、近くで見ると、水が入っていないせいか汚れが目につきます。

町が観光化されて過剰な開発の結果、

上：これが現在のパムッカレ。ターコイズブルーの水溜まりはどこにも見当たらない。

中：石灰棚の温水を楽しみにしていた水着客も、この水量には苦笑。足湯が精いっぱい。

下：足湯に強引に体を浸ける観光客も。その気持ちはよくわかる……

以前ほど温泉が沸き出なくなったことが理由のようです。観光客サービスでしょうか、いくつかの石灰棚には最低限の水が供給されていますが、**悲しいかな足湯程度の水量**です。そこに多くの観光客が裸足で入水しているので、大渋滞が起こります。こういうことがあるから、自然相手の観光地は早いうちに行っておくに限ります。

それでも、ここがパムッカレです。少量の水に足を浸し、お世辞にも純白とはいえない石灰の塊を見て満足するしかありません。心ゆくまで温泉を楽しみたい人は、本物の古代遺跡が底に沈んでいる

上：ガイドブックで紹介されているパムッカレのこんな絶景は、今となってはなかなか見られるものではない。

muratart/Shutterstock

下：どうしてもお湯に浸かりたいなら、1500円払って近くのパムッカレ温泉へ。本物の遺跡が沈む珍しい温泉。

アンティークプール（**パムッカレ温泉**）があるので、ご安心ください。そこなら頭の先までどっぷり温泉に浸れます。

パックツアーで元をとる

トルコには現在13の世界遺産がありますが、それぞれが遠く離れていて、訪れるには不便です。日本の2倍の国土でありながら、交通の便があまりよくないトルコは、パッケージツアーがおすすめ。一人参加の追加代金を出したとしても、個人旅行よりも安くトルコ周遊できることもあるようです。紹介した人気の世界遺産3物件も含まれているので、たとえパムッカレが期待外れに終わったとしても、元がとれることでしょう。

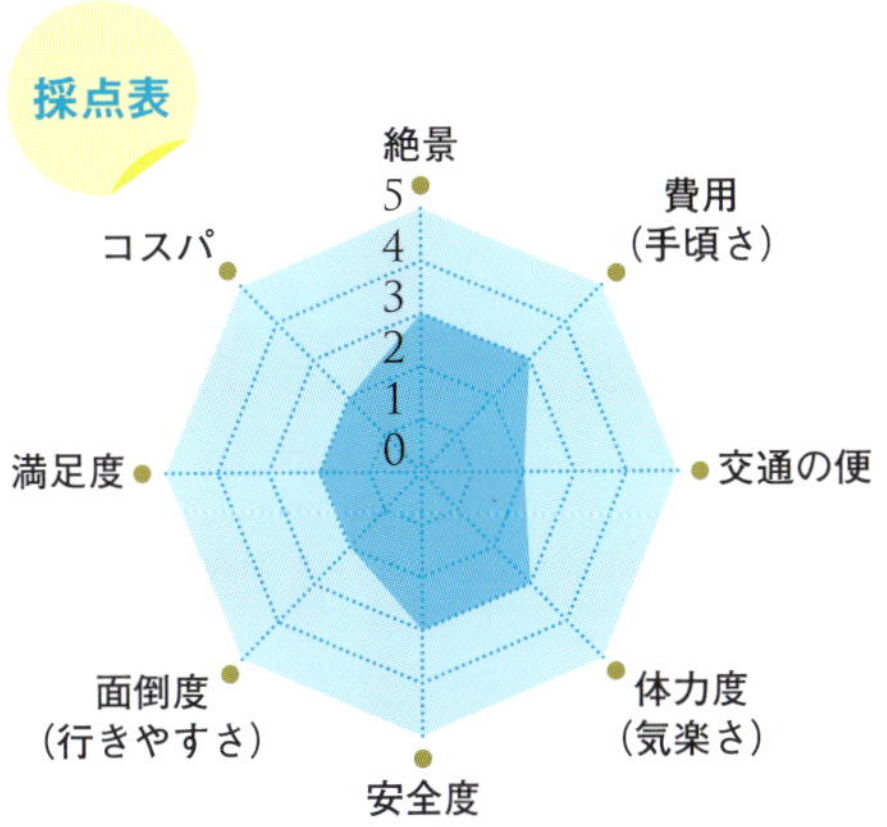

「黄龍」の黄金色に輝く石灰華の層は、まさに絶景。エメラルドグリーンの美しい石灰棚もあり、パムッカレとは比べ物にならない。

shahreen/Shutterstock

旅のアドバイス

青い水が作り出す自然芸術をお望みならば、中国の「**九寨溝の渓谷の景観と歴史地域**」に敵うものはありません。四川省の省都でありパンダの故郷である成都のその先に、「地球上に2つとない」と言われる絶景はあります。棚田状の地形に大小100以上の湖や水溜りがひしめき合い、この世のものとは思えない光景を作り出しているのです。水量も十分で、申し分ありません。できれば3日ほど滞在して、同地区にある「**黄龍の景観と歴史地域**」（金の龍の鱗にたとえられる石灰棚）もあわせて訪れるのがベストでしょう。

考古学者でなければ行ってはいけない

人類化石遺跡群

FOSSIL HOMINID SITES

南アフリカ

オススメ度 ★☆☆☆☆

>>> ACCESS

成田…✈12時間…ドーハ…✈10時間…ヨハネスブルグ…半日バスツアー

日程&費用 3泊5日の弾丸なら12万円！

世界一危険な都市

南アフリカ共和国最大の都市ヨハネスブルグには「**世界でいちばん危ない都市**」という不名誉な称号がついています。殺人や武装強盗などの凶悪犯罪が日本とは桁違いに多発していて、被害に遭う観光客も後を絶ちません。隣国ジンバブエのツアーガイドも「南アフリカでは許可書なしで銃が買えるんだぜ。**奴らは200米ドルもらえれば、誰でも殺すんだ。罪を犯して自国に住めなくなった奴らが、南アフリカに逃げ込むのさ**」などと忠告してくれました。

日本にいるとほとんど意識することはありませんが、海外に出かける度に我が国の「安全」のありがたみを感じる人は多いはずです。海外では、首都のような大都会でも、一人歩きや夜間の外出を控えるよう注意されることも少なくありません。外務省の安全ホームページ（渡航情報）はその都度、確認しておきましょう。

Data

遺跡名称：南アフリカ人類化石遺跡群
遺産種別：文化遺産
登 録 年：1999、2009
登録基準：(ⅲ)(ⅵ)

「人類発祥の地」とされる遺跡群。このスタークフォンテン洞窟から、約200万年前の類人猿の頭蓋骨化石が発掘された。
Joseph Sohm/Shutterstock

もとは鉱物採掘場だったスタークフォンテン洞窟の入口。草むらには毒ヘビがいるらしく、油断は禁物。

「ミセス・プレス」に会いたくて

そんな物騒なヨハネスブルグから北西へ35㎞のスタークフォンテン渓谷にある洞窟群が、世界遺産の人類化石遺跡群です。1936年以降、この一帯の洞窟で、初期人類の化石や石器が大量に出土。人類の起源を解明する手がかりとして人類学上、考古学上きわめて重要なこの化石遺跡群は、「人類のゆりかご」「人類発祥の地」とも呼ばれています。

なかでも、約200万年前の類人猿アウストラロピテクス・アフリカヌスのほぼ完全な頭蓋骨化石が1947年に発掘された**スタークフォンテン洞窟**は、一躍世界の注目を集め、その頭蓋骨化石は「ミセス・プレス」の愛称

洞窟の壁には、今もラインストーンが光る。ツアー客はヘルメットをかぶり、ガイドの後ろをついていく。

で知られるようになりました。

この洞窟には、現地ツアーで訪れることができます。ヨハネスブルグのO・R・タンボ国際空港に降り立ったワタクシは、空港に入っているツアー会社に頼んで、一人1250ランド（1万2500円）の半日ツアーに参加しました。**治安が悪いヨハネスブルグ中心部に立ち寄りたくない観光客（ワタクシも含む）が多いからか**、空港の駐車場から出発してスタークフォンテン洞窟を観光後、ホテルまで送ってもらえるというスグレモノのツアーです。

危険を冒して訪ねた先に

スタークフォンテン洞窟は、40人ほどのグループでまわります。小さな化石博物館を通り抜け、数分歩くと洞窟入口です。洞窟壁には所どころラインストーンが光り、天井のあちこちには穴が開いていて日が差し込んでいます。**その穴から**

はしょっちゅう毒ヘビが落ちてくるので暗がりに行かないように、とガイドの説明があります。ヨハネスブルグは市内だけでなく、洞窟にいても気が休まりません。洞窟の歴史や、ここで採掘できる鉱物、地底湖に棲む生物などの説明を1時間ほど聞き、地上に出てくると、そこでツアーは終了。

「ちょっと待て。肝心の頭蓋骨化石は一体どこで?」

数人が一斉に突っ込むと、それなら遊歩道の先にあるので見たい方はそちらへどうぞ、と予想外の反応を示すガイド。ほとんどのツアー客はガイドに連れられて帰っていき、ワタクシを含めて数人のみが、「ミセス・プレス」が発掘された

ここが、「ミセス・プレス」が発見された場所。肝心の洞窟は、フェンス越しにしか見ることができない。

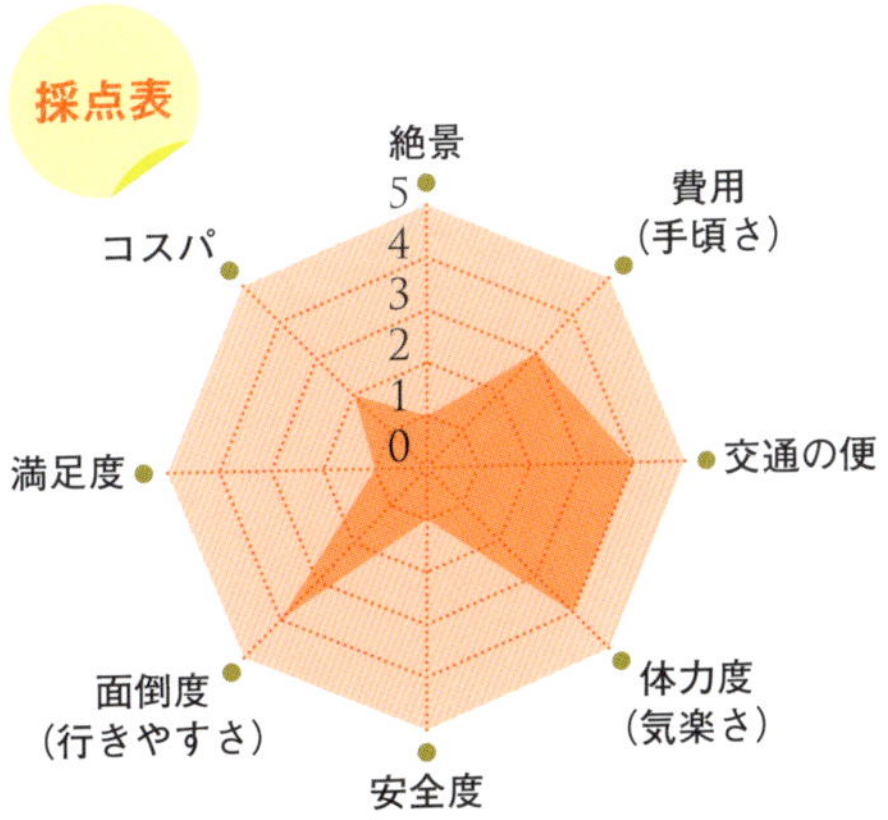

洞窟を目指して先に進みます。遊歩道を歩くこと3分。**そこはフェンスで囲まれていて、洞窟の中に入ることはおろか、内部をのぞくことすらできません**。たしかに、これを見たって面白いはずがありませんね。ガイドもツアー客を連れてこないはずです。

スタークフォンテン洞窟は、こういうところです。考古学の研究者なら、フェンス越しに見て満足できるのでしょうか？　また、先に帰ったツアー客たちは、どこにでもあるような洞窟を見ただけで満足したのでしょうか？　あいにく考古学者ではなく、もっと立派で見応えのある洞窟（日本にもあります）をたくさん見てきたワタクシは、あまりの展開に拍子抜けするどころか腰を抜かしてしまいました。**身の危険を冒してまで来たというのに、洞窟で毒ヘビに噛まれず、街で強盗に遭わなかっただけで満足するしかない**ようです。

写真右が、反アパルトヘイト運動で終身刑を受けたマンデラ氏も収監されていた監獄島、「ロベン島」（奥はケープタウン）。見学ツアーでは、かつてのマンデラ氏の独房に入ることもできる。　Andrea Willmore/Shutterstock

旅のアドバイス

南アフリカに行くなら、**ケープタウン**を外してはいけません。気候も温暖で物価もリーズナブル、料理は美味しいし素敵なワイナリーもあって、新婚旅行に最適です。沖合には故ネルソン・マンデラ氏が政治犯として18年も収容されていた監獄島**「ロベン島」**があり、人間の犯した過ちを伝える負の世界遺産となっています。今では島全体が博物館で、実際に収容されていた人が刑務所内を案内してくれます。彼の穏やかな眼差しと交わした握手は、この先もずっと忘れられないでしょう。

世界史・軍事マニアしか行ってはいけない

スオメンリンナ

SUOMENLINNA

フィンランド

オススメ度 ★☆☆☆☆

沖合に浮かぶ最先端の要塞

本物のサンタクロースに会える、ムーミンの故郷、北欧デザイン、オーロラ……と、女性の心をくすぐる観光資源を多く持つフィンランド。日本から最も近いヨーロッパともいわれていて、成田から最短9時間半で首都ヘルシンキに行くことができます。

スオメンリンナの要塞は、ヘルシンキにある唯一の世界遺産です。観光客らで

Tero Sivula/Shutterstock

ヘルシンキの沖合に浮かぶ6つの島々をつないで造られたスオメンリンナの要塞。上空から見れば、海の青とのコントラストが美しいが……

>>> ACCESS

成田…✈9時間半…ヘルシンキ国際空港…BUS 30分…ヘルシンキ中央駅…🚶20分…港…⛴10分…スオメンリンナ

日程&費用 3泊5日／15万円でおつりがくるが……

Data
遺跡名称：スオメンリンナの要塞群
遺産種別：文化遺産
登録年：1991
登録基準：(iv)

にぎわう港から、わずか3km沖合に浮かぶスオメンリンナ島に、その昔、最先端の要塞が作られたのです。

18世紀、フィンランドは実質的にスウェーデン領でありました。ロシアとの覇権争いで劣勢に立たされたスウェーデンは、ヘルシンキ沖のこの島に大規模な要塞を建設します。軍事的・建築的に高度な技術によって建てられた要塞は、スウェーデン語で「スウェーデンの要塞」を意味する「スヴェアボリ」と名付けら

れました。

19世紀に入りフィンランドがロシアに占領されると、その後100年にわたり、この島はロシア軍の駐屯地となりました。そして1917年にフィンランドがロシアから独立すると、その翌年、要塞は軍事使用をやめて、名称もフィンランド語の「スオメンリンナ」に変更されたのです。ちなみに意味は「フィンランドの要塞」なのですが、なぜか「平和」や「武装解除」との誤った解釈も広まっています。それはそれで、数々の戦争を経てきたフィンランドの願いが込められているような解釈とも思えます。

海風に誘われてはいけない

ヘルシンキはロシアとの国境から15

島内は遊歩道も整備されていて、歩きやすいが……

Yulia_B/Shutterstock

0㎞しか離れていません。高速鉄道アレグロに乗れば、3時間半でサンクトペテルブルグに到着します。ということで、ワタクシは鉄道旅行の途中でヘルシンキに立ち寄りました。

この街を観光すると、必ず港におびき寄せられます。そこにはマーケットがあり、野菜や果物、雑貨などを買い求める客で溢れ返っています。いわゆる青空市場ですが、地元の生活を垣間見つつ、楽しく食べ歩きもできるとあって、人気の観光スポットです。

このすぐ脇から、スオメンリンナ島行きのフェリーが出ています。フィンランド湾の風に吹かれてイイ気分に浸っていると、片道10分、4ユーロの船旅でもしたくなるのが旅行者の心情ってもんです。しかし、軽い気持ちでフェリーに乗り込むことは、決しておすすめしません。

オシャレを求めてはいけない

スオメンリンナ島は150年もの間、軍事利用されていた島です。そのため、当然といえば当然ですが、観光地として

上：実際に使われていたらしい潜水艦（写真左下）は意外に小さい。
下：多数の大砲が死角を補い合うように、星形に設計された城壁。

Aleksei Andreev/Shutterstock

maisicon/Shutterstock

どこを歩いても代わり映えのしない風景。外から眺めるだけで十分といえる。

maisicon/Shutterstock

はどうにもパッとしません。星形をしている稜堡（りょうほ）や、海を見張るように置かれている大砲、潜水艦などは見ることができますが、その代わりに、**それまで浸っていたオシャレ北欧気分は一気に吹き飛びます**。島自体は整備されているので、散策するのに問題はありません。ですが、**どこもかしこも妙に静かで、白昼でありながらも物憂げな気分になってしまった**のは、ワタクシだけではないはずです。

オシャレ気分を貫きたい人は、同じ港から出ている高速艇に乗って1時間半で行ける、バルト三国のひとつエストニアの首都**タリン**に行きましょう。特に世界遺産に指定されている旧市街（「**タリン歴史地区（旧市街）**」）は、かわいらしくて華やか。中世の雰囲気たっぷりの美しい街並みも素敵ですし、民族衣装に身を包んで広場で踊る人々はとても愛らし

採点表

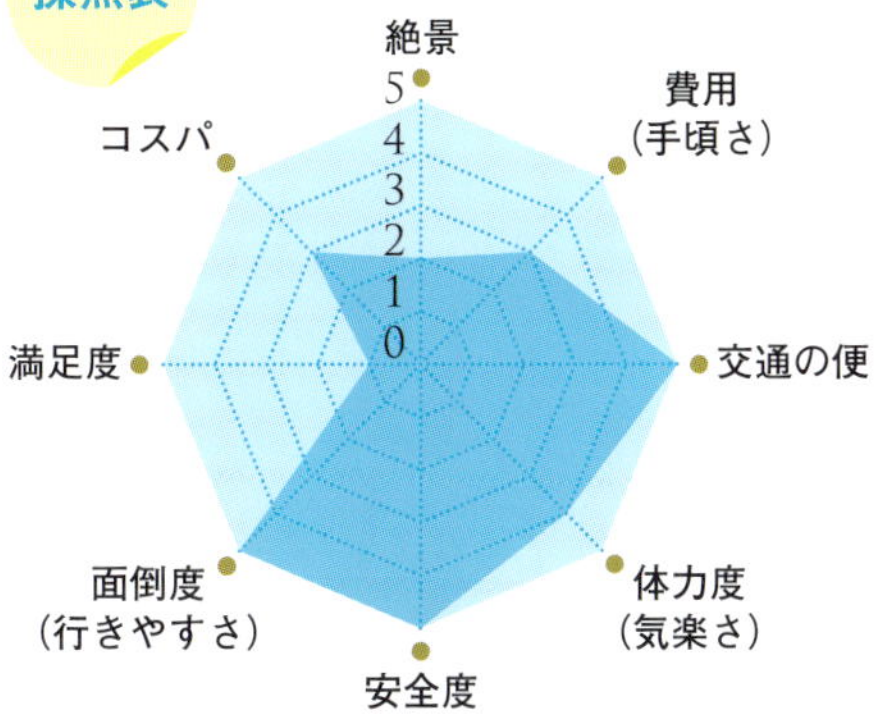

同じく要塞の世界遺産であるゴールは、雰囲気も抜群で、ここに暮らす人々から幸福を分けてもらった気分に浸れる。

く、見物客を笑顔にしてくれます。

ヘルシンキの港から気軽に船で行ける世界遺産は2つありますが、趣はまったく違います。**行き先選びはどうぞ慎重に。**

旅のアドバイス

同じ要塞でも、スリランカの「**ゴール旧市街とその要塞群**」はまったく印象が違います。16世紀以降、ヨーロッパ列強によって築かれた要塞は、今ではすっかり人々の暮らしに溶け込んでいます。インド洋に沈む夕日を浴びて、家族連れやカップルが城壁の上を散歩したり、城壁の周りで海水浴に興じたりと雰囲気満点。観光客にとって理想的なその光景は、思わず「エキストラでも雇っているのか?」と疑ってしまうほど楽しげです。幸せの波動は共鳴すると実感できた、数少ない場所のひとつです。要塞に行くなら、ぜひこちらを。

おわりに ＋死ぬまでに絶対行くべき5件

世界遺産というカテゴリーの存在は、旅行者にとって大変にありがたいものです。「人類の宝」に相当する価値ある場所をユネスコ（国連教育科学文化機関）が世界中から選出しているのですから、旅先選びに活用しない手はありません。

バンジージャンプの荒療治で飛行機恐怖症を克服できたのは、30代最後の年でした。人生もあと半分しか残されていないと実感する日々の中で、これを機に「人類の宝」がどういうものなのか、この目で確かめてみようと、遅ればせながら海外旅行に出かけることにしました。

当時すでに数百件の世界遺産があり、全部見てまわるのは不可能だとわかると、知名度があって魅力的に思える場所を、自分なりに50件ほど選び出してみました。誰もが知っている有名観光地をAクラスとすると、Bクラスあたりまでをほぼ網羅したリストです。このお手製の虎の巻から、ワタクシの旅行人生が始まりました。

２０１４年、世界遺産リストはとうとう１０００件を超えました。ここまでくると、正直なところ、まったくと言っていいほど無名の場所だらけです。これまでメジャーな観光地を中心に２００件近くの世界遺産を訪ねましたが、その経験をもとに算出すると、観光向きの（大半の観光客が納得するような）世界遺産は全体の10％未満ではないかと推測できます。

本書では、世界遺産は優れた観光地に与えられる栄誉でないことを重々承知のうえで、観光客目線で、20件の世界遺産にダメ出しをさせていただきました。一旅行者の超個人的見解を面白がってくれた編集者の「自由に書いてください、私がブレーキ役になりますから」という言葉に背中を押され、自分が味わった苦い経験をもとに遠慮なく斬らせていただいた結果の暴挙です（おかげさまで5分の1もカットされました）。他の真面目な世界遺産ガイドと違って個人の独断と偏見が随所にちりばめられていますが、これから世界遺産を旅してみようという人には多少なりともお役に立てるのではないかと思っております。

最後に、同じくワタクシの独断ではありますが、「死ぬまでに行くべき世界遺産」を5件選んでみました。ひとりでも多くの方の財産と時間が無駄になりませんように。

Pakhnyushchy/Shutterstock

ペトラ

文化遺産／1985／(i)(iii)(iv)

「いちばん良かった国はどこですか?」と聞かれたら、現時点では迷わずヨルダンと答えます。理由は、超Aクラスの観光地である**死海**（P104）と、薔薇色の古代遺跡ペトラがあるから。映画「インディ・ジョーンズ／最後の聖戦」で有名になった**エル・カズネ**までの岩壁のアプローチは最高の演出で、感動を何倍にも盛り上げてくれます。奥にはもうひとつの目玉である**エド・ディル**があるので、お見逃しなく。この遺跡を前にすれば、世界一高い入場料も、アラブの灼熱地獄も、ロバから谷底へ落ちそうになった恐怖も、すべて忘れ去ります。

サンクト・ペテルブルグ

サンクト・ペテルブルグ歴史地区と関連建造物群
文化遺産／1990／(i)(ii)(iv)(vi)

1721年から約200年続いた帝政ロシアの首都だったこの街は、「ロシアで最も美しい都

Natalia Bratslavsky/Shutterstock

市」「北のヴェネツィア」などと称されるようですが、ワタクシにはチェコの首都プラハ（こちらも世界遺産）を抑えて「世界一美しい街」に思えます。ピョートル１世が何もない沼地に作り上げた運河の都は、現在でも少しも霞むことなく壮麗です。ぜひ見ていただきたいのは、街灯が華やかに街角や運河を照らす夜。光り輝く無数の跳ね橋が一斉に開き、行儀正しく一列になった船が通り過ぎていく様子は、最高にロマンティックです。避暑地に別荘を持てるとしたら、迷わずこの街を選びます。

カナイマ国立公園

自然遺産／１９９４／(vii)(viii)(ix)(x)

南米ベネズエラの奥地にあり、関東平野（１都６県）ほどの広大さ。行けば「地球最後の秘境」と言われている理由がわかります。主な見所はふたつ。アーサー・コナン・ドイルのSF小説『失われた世界（ロストワールド）』の舞台となって世界的に知られた**ロライマ山**は標高２８１０ｍのテーブルマウンテンで、太古から独自の進化を遂げた動植物たちが下界から隔絶された山頂に生息しています。落差世界一の滝**エンジェルフォール**もこの公園内にあります。両方まとめて行く場合、楽ちんパッケージツアーなら80万円ほどからあるようですが、個人旅行なら知力、体力、生命力が試されます。

Alice Nerr/Shutterstock

chungking/Shutterstock

九寨溝

九寨溝の渓谷の景観と歴史地域
自然遺産／1992／(vii)

恐らく中国にある世界遺産でいちばん入場料が高く、いちばん中国人に人気なのではないでしょうか。入場料は約5000円（中国の物価からすると凄まじく高額）もしますが、値打ち以上の絶景を飽きるほど見ることができます。行くならば秋の紅葉シーズンがベスト。錦に彩られた木々とエメラルドグリーンの池々が織りなす光景は、日本人なら絶対に好きなはずです。ただし、内陸部の奥深くにありながら、秋には〝芋洗い状態〟になるほどの観光客が押し寄せてきます。朝日も昇りきらないうちから並びましょう。

バチカン市国

文化遺産／1984／(i)(ii)(iv)(vi)

世界最小の独立国であり、カトリックの総本山。その国土全域が世界遺産になっていて、なかでも**バチカン美術館**は圧巻です。歴代ローマ教皇の膨大なコレクションが展示されていますが、それらがすべて運び出されて空っぽになったとしても、ワタクシはここを推します。壁画、天井画は言うに及ばず、建物自体が高尚かつ華麗に装飾された一大美術品だからです。その豪華さに圧倒され、荘厳さに押しつぶされそうになる空間が、他にあるでしょうか。最初から最後まで、開いた口が塞がらないこと請け合いです。

Elena Kharichkina/Shutterstock

世界遺産について
WORLD HERITAGE

＊いずれも2015年5月末時点。ユネスコおよび日本ユネスコ協会連盟のホームページを参照

世界遺産とは

1972年の第17回ユネスコ総会で採択された「世界の文化遺産及び自然遺産の保護に関する条約」（世界遺産条約／締約国191か国）に基づいて世界遺産リストに登録された、人類が共有すべき「顕著な普遍的価値」を持つ有形の不動産（遺跡などの建造物、景観、自然など）。

「世界遺産条約履行のための作業指針」に示された10の登録基準のいずれか1つ以上に合致するとともに、真実性（オーセンティシティ）や完全性（インテグリティ）の条件を満たし、締約国による適切な保護管理体制がとられていることが必要。

2015年5月末現在、1007件。

種類

■文化遺産（779件）
顕著な普遍的価値を有する記念物、建造物群、遺跡、文化的景観など。登録基準（ i ）～（vi）で登録された物件

■自然遺産（197件）
顕著な普遍的価値を有する地形や地質、生態系、絶滅のおそれのある動植物の生息・生育地など。登録基準（vii）～（ x ）で登録された物件

■複合遺産（31件）
文化遺産と自然遺産の両方の価値を兼ね備えているもの

登録までの流れ

①条約締約国の推薦：国内の世界遺産候補物件リスト（暫定リスト）の中から、条件が整ったものを世界遺産委員会に推薦。

②専門機関による調査：文化遺産は国際記念物遺跡会議（ICOMOS）、自然遺産は国際自然保護連合（IUCN）が調査。

③世界遺産委員会：専門機関からの報告書をもとに世界遺産リストに登録するかどうかを決定。（原則、年1回開催）

登録基準

(ⅰ) 人間の創造的才能を表す傑作である。

(ⅱ) 建築、科学技術、記念碑、都市計画、景観設計の発展に重要な影響を与えた、ある期間にわたる価値観の交流、または、ある文化圏内での価値観の交流を示すものである。

(ⅲ) 現存するか消滅しているかにかかわらず、ある文化的伝統又は文明の存在を伝承する物証として無二の存在（少なくとも希有な存在）である。

(ⅳ) 歴史上の重要な段階を物語る建築物、その集合体、科学技術の集合体、あるいは景観を代表する顕著な見本である。

(ⅴ) あるひとつの文化（または複数の文化）を特徴づけるような伝統的居住形態若しくは陸上・海上の土地利用形態を代表する顕著な見本である。又は、人類と環境とのふれあいを代表する顕著な見本である（特に不可逆的な変化によりその存続が危ぶまれているもの。

(ⅵ) 顕著な普遍的価値を有する出来事（行事）、生きた伝統、思想、信仰、芸術的作品、あるいは文学的作品と直接または実質的関連がある（この基準は他の基準とあわせて用いられることが望ましい）。

(ⅶ) 最上級の自然現象、又は、類まれな自然美・美的価値を有する地域を包含する。

(ⅷ) 生命進化の記録や、地形形成における重要な進行中の地質学的過程、あるいは重要な地形学的又は自然地理学的特徴といった、地球の歴史の主要な段階を代表する顕著な見本である。

(ⅸ) 陸上・淡水域・沿岸・海洋の生態系や動植物群集の進化、発展において、重要な進行中の生態学的過程又は生物学的過程を代表する顕著な見本である。

(ⅹ) 学術上又は保全上顕著な普遍的価値を有する絶滅のおそれのある種の生息地など、生物多様性の生息域内保全にとって最も重要な自然の生息地を包含する。

危機遺産

武力紛争、自然災害、大規模工事、都市開発、観光開発、商業的密猟などにより、その顕著な普遍的価値を損なうような重大な危機にさらされている世界遺産。「危機にさらされている世界遺産リスト（危機遺産リスト）」に登録。2015年5月末現在、46件。

遺産名称	世界遺産登録年	危機遺産登録年
エルサレム旧市街とその城壁群（文化遺産／エルサレム）	1981	1982
チャン・チャン遺跡地帯（文化遺産／ペルー）	1986	1986
ニンバ山厳正自然保護区（自然遺産／コートジボワール、ギニア）	1981、1982	1992
アイールとテネレの自然保護区群（自然遺産／ニジェール）	1991	1992
ヴィルンガ国立公園（自然遺産／コンゴ民主共和国）	1979	1994
シミエン国立公園（自然遺産／エチオピア）	1978	1996
ガランバ国立公園（自然遺産／コンゴ民主共和国）	1980	1984～1992、1996
カフジ‐ビエガ国立公園（自然遺産／コンゴ民主共和国）	1980	1997
マノヴォ‐グンダ・サン・フローリス国立公園（自然遺産／中央アフリカ）	1988	1997
オカピ野生生物保護区（自然遺産／コンゴ民主共和国）	1996	1997
サロンガ国立公園（自然遺産／コンゴ民主共和国）	1984	1999
古都ザビード（文化遺産／イエメン）	1993	2000
アブ・メナ（文化遺産／エジプト）	1979	2001
ジャムのミナレットと考古遺跡群（文化遺産／アフガニスタン）	2002	2002
コモエ国立公園（自然遺産／コートジボワール）	1983	2003
バーミヤン渓谷の文化的景観と古代遺跡群（文化遺産／アフガニスタン）	2003	2003
アッシュール（カラット・シェルカット）（文化遺産／イラク）	2003	2003
コロとその港（文化遺産／ベネズエラ）	1993	2005
ハンバーストーンとサンタ・ラウラ硝石工場群（文化遺産／チリ）	2005	2005
コソヴォの中世建造物群／セルビア）	2004、2006	2006
ニオコロ‐コバ国立公園（自然遺産／セネガル）	1981	2007
都市遺跡サーマッラー（文化遺産／イラク）	2007	2007

ロス・カティオス国立公園（自然遺産／コロンビア）	1994	2009
ムツヘタの文化財群（文化遺産／グルジア〈ジョージア〉）	1994	2009
ベリーズのバリア・リーフ保護区（自然遺産／ベリーズ）	1996	2009
エヴァグレーズ国立公園（文化遺産／アメリカ）	1979	1993～2007、2010
バグラティ大聖堂とゲラティ修道院（文化遺産／グルジア〈ジョージア〉）	1994	2010
アツィナナナの雨林群（自然遺産／マダガスカル）	2007	2010
カスビのブガンダ王国歴代国王の墓（文化遺産／ウガンダ）	2001	2010
スマトラの熱帯雨林遺産／インドネシア）	2004	2011
リオ・プラタノ生物圏保護区／ホンジェラス）	1982	1996～2007、2011
トンブクトゥ（文化遺産／マリ）	1988	2012
アスキア墳墓（文化遺産／マリ）	2004	2012
リヴァプール－海商都市（文化遺産／英国）	2004	2012
パナマのカリブ海沿岸の要塞群：ポルトベロとサン・ロレンソ（文化遺産／パナマ）	1980	2012
イエスの生誕地：ベツレヘムの聖誕教会と巡礼路（文化遺産／パレスチナ）	2012	2012
東レンネル（自然遺産／ソロモン諸島）	1998	2013
古都ダマスカス（文化遺産／シリア）	1979	2013
古代都市ボスラ（文化遺産／シリア）	1980	2013
パルミラの遺跡（文化遺産／シリア）	1980	2013
古都アレッポ（文化遺産／シリア）	1986	2013
クラック・デ・シュヴァリエとサラディン城（文化遺産／シリア）	2006	2013
シリア北部の古代村落群（文化遺産／シリア）	2011	2013
セルー・ゲーム・リザーブ（自然遺産／タンザニア）	1982	2014
ポトシ市街（文化遺産／ボリビア）	1987	2014
パレスチナ：オリーブとワインの地－エルサレム南部バティールの文化的景観（文化遺産／パレスチナ）	2014	2014

花霞和彦　かすみ・かずひこ

人生も折り返し地点に差しかかった39歳で、世界一のバンジージャンプに挑戦して飛行機恐怖症を克服。それ以降、「世界一」「冒険」「世界遺産」をテーマに世界各地を飛びまわって刺激を追い求める。現在までに訪れた国は60か国以上、世界遺産は185件。還暦までに500件を突破するのが野望。

20代は文筆業をしていたが、有り余るエネルギーを生かして起業。映画やテレビドラマ、アニメ、小説、漫画、J-POP、ゲームといった多ジャンルのコンテンツ制作に携わる。

参考文献

『21世紀 世界遺産の旅』（小学館、2007）

『世界遺産事典　1007全物件プロフィール〈2015改訂版〉』古田陽久／古田真美、世界遺産総合研究所［編集］（シンクタンクせとうち総合研究機構、2014）

『すべてがわかる　世界遺産大辞典〈上・下〉』NPO法人世界遺産アカデミー［監修］、世界遺産検定事務局（マイナビ、2012）

『世界遺産なるほど地図帳　新訂版』（講談社、2012）

『世界遺産　ユネスコ事務局長は訴える』松浦晃一郎（講談社、2008）

『旅する前の「世界遺産」』佐滝剛弘（文春新書、2006）

『「世界遺産」の真実　過剰な期待、大いなる誤解』佐滝剛弘（祥伝社新書、2009）

『旅に出たくなる地図　世界』（帝国書院、2014）

『バチカンの素顔』バート・マクダウェル（日経ナショナルジオグラフィック社、2009）

『失われた世界　チャレンジャー教授シリーズ』コナン・ドイル、龍口直太郎［訳］（創元SF文庫、1970）

「欧州鉄道の旅　オリエント急行　Blu-ray　BOX」（VAP、2014）

映画「インディ・ジョーンズ／最後の聖戦」（1989）

カバーデザイン/漆崎勝也(AMI)
本文デザイン/茂谷淑恵(AMI)

リサーチ協力/太田守信、四方真由
写真協力/薄井三佳
校正/円水社

行ってはいけない世界遺産

2015年7月10日 初版発行

著　　者　花霞和彦
発 行 者　小林圭太
発 行 所　株式会社CCCメディアハウス
〒153-8541 東京都目黒区目黒1丁目24番12号
電話 03-5436-5721(販売)
03-5436-5735(編集)
http://books.cccmh.co.jp/

印刷・製本　慶昌堂印刷株式会社

ISBN978-4-484-15214-1